U0079185

好想好想自己當老闆
—教你開一家會賺錢的公司
How to Become a Boss

永續圖書線上購物網　讀品文化事業有限公司

WWW.foreverbooks.com.tw　yungjiuh@ms45.hinet.net

全方位學習系列 55

好想好想自己當老闆─教你開一家會賺錢的公司

編　著　董振千
出版者　讀品文化事業有限公司
執行編輯　林美娟
美術編輯　林家維

騰讯读书 BOOK.QQ.COM　华夏原创网 www.yuanchuang.com

本書經由北京華夏墨香文化傳媒有限公司正式授權，同意由讀品文化事業有限公司在港、澳、臺地區出版中文繁體字版本。
非經書面同意，不得以任何形式任意重制、轉載。

總經銷　永續圖書有限公司
TEL／(02)86473663
FAX／(02)86473660
劃撥帳號　18669219
地　址　22103　新北市汐止區大同路三段 194 號 9 樓之 1
TEL／(02)86473663
FAX／(02)86473660
出版日　2014年10月

法律顧問　方圓法律事務所　涂成樞律師
CVS代理　美璟文化有限公司
TEL／(02)27239968
FAX／(02)27239668

版權所有，任何形式之翻印，均屬侵權行為

Printed Taiwan, 2014 All Rights Reserved

國家圖書館出版品預行編目資料

好想好想自己當老闆 : 教你開一家會賺錢的公司/董振千編著. -- 初版. -- 新北市 : 讀品文化, 民103.10　面 ;　公分. -- (全方位學習 ; 55)
ISBN 978-986-5808-64-8(平裝)
1.創業 2.職場成功法
494.1　103016345

前言

誠如馬雲所言：「小蝦米一定要有個鯊魚夢。」欲望越大，動力也越大。既有強烈欲望，又要有切實的努力過程，這是一種人生智慧也是一種人生態度。老闆給人的最大感覺是欲望。有霸氣，渴望擁有。這種欲望表現在生意上，就是永不枯竭的進取動力。成功的創業者之所以能夠取得成功，在很大程度上取決於他們擁有強烈的賺錢欲望。我們要以成功企業家為榜樣，樹立自己的遠大賺錢目標，繼續自己的致富道路。

成功的創業者不僅僅是因為他們現在手裡擁有大量的財富，而是他們有著一顆發財的野心。如果你想成為一個成功的創業者，其路程雖然還很遙遠，但若能果斷地說：「我一定要當李嘉誠！」有這樣堅定的態度，就算原先很容易落空的期盼，也能變成具體可燃燒的欲望湧現出來，從而引發一種強大的力量，將夢想逐漸轉化為現實。沒有自己始終不渝的奮鬥目標，沒有強烈想賺錢的欲望而付出自己百分之百的努力，你永遠也無法成為一名成功的商人。

據統計，在美國新創公司存活十年的比例為百分之四。第一年以後有百分之四十破產，五年以內百分之八十破產，活下來的百分之二十在第二個五年中又有百分之八十破產。哈佛商學院的研究發現，第一次創業的成功率是百分之二十三，而已成功的企業家再次創業成功的比例是百分之三十四。所以千萬不要相信那些一年創立兩年融資三年上市的故事，更不要相信有人在廁所用六分鐘搞定永遠也花不完的錢的故事，否則你連「死」都不知道怎麼「死」的。有位哲人說過：世界上並不缺少美，缺少的只是發現美的眼睛。在市場經濟社會中，並不缺少機遇，缺少的也是發現機遇的眼睛。想創業的你，需要的就是這雙眼睛。

沒有一個市場是天衣無縫的，因為新需求不斷在增加，市場是不斷變化的，總會存在「空隙」，市場上永遠有「尚未開墾的處女地」。很多創業者都明白這個道理：市場並不缺少機會，而是缺少發現。所謂「同質化突圍」，就是開闢出一條有自己特色的路，讓自己長著一張不一樣的臉，在眾多的產品中可以一眼就認出來。

有人的地方就有江湖，哪裡有市場，哪裡就有競爭。除非是在壟斷行業，否則，血性競爭將永遠是市場的主題，有競爭能力，才是硬道理。

目錄

好想好想
自己當老闆
—教你開一家會賺錢的公司
How to Become a Boss

創業鐵律一

不怕沒有錢賺，就怕沒有強烈的欲望賺錢

松下公司創始人松下幸之助曾告訴人們：「要愛金錢。」這句話說得一針見血。如果不愛錢，就抓不住財富。只有對錢有欲望，財富才會逐日增加——錢怎麼會躲在不愛錢的人手中呢？因此，創業者與其對錢「欲語還休」，倒不如心存賺錢的欲望，讓它心甘情願地跑進你的口袋。

創業者的欲望都是不安分的，是高於現實的，需要踮起腳才能搆得著，有的時候還需要跳起來才能抓得到。上海有一個文峰國際集團，老闆姓陳名浩，是一個四十多歲的男人。一九九五年，陳浩帶著二十萬來到上海，從一個小小的美容店面做起，現在已經在上海擁有三十多家大型美容院、一家生物製藥

廠、一家化妝品工廠和一所美容美髮職業培訓學校，並在全中國建立了三百多家連鎖加盟店，個人資產超過億元。陳浩說過一句話：「一個人的夢想有多大，他的事業就會有多大。」所謂夢想，不過是欲望的別名。你可以想像欲望對一個人的推動力量有多大。

有一句話是這樣說的：「取乎上，得乎中；取乎中，得乎下。」意思就是，如果你的目標定得高，得到的往往會低於目標；如果你的目標定得適中，結果獲得的也會低於這個目標許多。可見不管做什麼事情，結果與目標往往是不太吻合的，要想成就大事，就一定要制定高遠的目標。如果你沒有做老闆的「欲望」，你就不會用老闆的思維去思考，不會用老闆的眼光去看待事物，更不會以老闆的姿態去做事。試想，這樣的人不就只能替人打工一輩子嗎？

馬雲承認自己對未來的發展有著極大的野心，他認為擁有野心、夢想與激情，並能永不放棄，就一定不會失敗。

阿里巴巴近幾年的快速發展讓很多人對馬雲有著很高的評價，認為他的成就很了不起。對於這個評語，馬雲卻很從容。

有一次馬雲去日本參觀訪問，回來後感慨地說道：「我去年在日本被當眾敲了一悶棍，忽然就對錢一點興趣都沒有了。

我去日本參觀了一家企業叫拓板公司，和他們老闆聊天：『去年賺了多少啊？』

『兩百二十億。』

我說：『噢，兩百二十億日元。』

他說：『不，是美元。』

這才叫做錢，我們只做了一兩億人民幣就自以為了不起，境界差太遠了。拓板公司是百年企業，我們公司員工平均年齡是二十七歲，再給我們二十年時間，我們也可以做到。世界五百強企業之中哪一家的營業收入不是七、八十億美元？我們閉嘴！慢慢來。今天的中國企業只要有遠大的理想，也會有這一天，但如果沒有理想，那就很難了。今天我們說自己賺了一千萬、兩千萬，我只覺得丟臉。」

「進入世界網際網路企業前三強，進入世界五百強、每年賺一百億美元」，這是馬雲的野心。因此馬雲不滿足於一時的成就，看淡金錢，只為更大的目標。

創業者沒有賺錢的欲望，就沒有進取心，欲望和想像力是促使一個人不斷前進的精神基礎。著名經濟學家熊彼特在其作品《企業家的精神》中說道：「一個人如果要成為企業家，就必須不斷創新、創新、再創新。而創新來自於不停的進取，進取心則來自於野心。野心讓人冒險，冒險帶來創新。」

誠如馬雲所言：「小蝦米一定要有個鯊魚夢。」欲望越大，動力也越大。既有強烈欲望，又要有切實的努力過程，這是一種人生智慧也是一種人生態度。老闆給人的最大感覺是欲望，有霸氣，渴望擁有。這種欲望表現在生意上，就是永不枯竭的進取動力。成功的創業者之所以能夠取得成功，在很大程度上就取決於他們擁有強烈的賺錢欲望。我們要以成功企業家為榜樣，樹立自己的遠大賺錢目標，繼續自己的致富道路。

成功的創業者不僅僅是因為他們現在手裡擁有大量的財富，也因為他們有著一顆發財的野心。如果你想成為一個成功的創業者，其路程雖然還很遙遠，但若能果斷地說：「我一定要當李嘉誠！」有這樣堅定的態度，就算原先很容易落空的期盼，也能變成具體可燃燒的欲望湧現出來，從而引發一種強大的力量，將夢想逐漸轉化為現實。若沒有自己始終不渝的奮鬥目標，若沒有強烈想賺錢的欲望，並為此付出百分之百的努力，就永遠也無法成為一名成功的商人。

在商業的寬闊大道上，最成功的人，不是最聰明的人，也不是最幸運的人，而是具有強烈賺錢欲望的人！猶太人依靠對經商獨到的領悟，對財富不懈的追求，而成為最值得驕傲、最值得自豪、最具權威的民族。他們偏執於自己的事業，不僅依賴精妙的談判術、謊言家般攻心的策略、雄辯的口才、敏捷的情報意識，更仰賴猶太民族天生高明的企業經營訣竅，這使他們隨時可嗅到利潤之所在。

強烈的賺錢欲望是一種商業態度。關於欲望，也有不同的境界，正面而言，是對目標的執著；負面理解，就是賭性很足。賈伯斯說：「不要受信條所惑，而盲從信條活在別人的生活裡，更不要讓任何人的意見淹沒了你內在的心聲。」欲望背後，是大膽的、縝密的思維，是賭性的習慣夾著謹慎的步驟，這兩種氣質，非常奇怪地雜揉在猶太人身上，這才是競爭的智慧。

高爾基曾說：「一個人追求的目標越高，他的能力就發展得越快，對社會就越有益。」對財富有強烈的欲望是成為商人的重要基因，因為行動會隨著志向走，成功會隨著行動來。一個人只有對財富充滿欲望與熱情，才有可能去為之奮鬥，去實現自己的理想，才有可能突破現在能力的局限，走向成功商人的彼岸。

創業鐵律二

創業之前，必須具備相關的經驗與知識

創業不僅需要創業者具有良好的性格特徵和靈活的商業頭腦，更重要的是必須只有對於商業經營的相關經驗與知識。經驗與知識，是我們取之不盡、用之不竭的智慧錦囊，若能累積豐富的相關產業經驗，就能夠幫助創業者少走冤枉路，更快地取得成功。

在創業的過程中，經驗是我們處理問題的好幫手。只要具有某一方面的經驗，那麼在應付這一方面的問題時就能得心應手。特別是一些技術和管理方面的工作，非要有豐富的經驗不可。所以很多時候，經驗成了我們創業過程中所依靠的拐杖。

經驗與知識最便捷的獲取途徑，無疑就是自己的專業領域。將一個行業做到極致，遠遠比在每個行業都涉足一點更容易取得成功。很多百年老店之所以能夠延續至今，在激烈的競爭中立於不敗之地，就是專注於自己的專業不斷努力的結果。創業更是要專注，不能三心二意。在自己的專業領域站穩腳跟，深耕發展潛力才是長久之道。

從內蒙古師範大學地理系畢業、在一所學校任教三年後，闞洪哲於一九九八年辭職步入商業領域。到了二〇一二年，他創立了自己的投資管理有限公司，身兼董事長、總經理。他十四歲的時候賣過橡皮，掙了四毛八分錢；上大學期間，開過奶茶館、撞球館，賣過香煙、書架，辦過培訓班。一九九五年畢業時他已經存到了人生的第一桶金——十萬元人民幣。

「創業必須具備專業知識。」他在向大學生演講自主擇業、自主創業時，提到四個要素，專業知識這一條就列在首位。「在畢業後的十年間，我面試了幾百名大學生，經常聽到他們在講自己所學的專業沒有用、沒有發展。對此我極度惋惜。」闞洪哲認為這種「讀書無用論」，之所以在部分在校學生中開始流傳，主要因為現在的就業壓力和社會整體形勢使然，然而更重要的是，很多人都沒有真正看清並樹立人生目標。

「沒有系統性專業知識的人，根本不能發現也不能理解專業知識背後的商機。」他深有體會地說，「我是學地理的，還教過兩年的《國際貿易地理》課程。就因為在念書期間我非常輕視對這項專業的學習，認為地理專業無用，這種思想直接導致我個人在創業後，對與我專業有關的商機視而不見。」

「學問中蘊藏著無限商機。」闞洪哲在講座裡說，「創業之前，我建議同學們首先要把自己的專業學好。至少，那是一種機會或者是一個思考的起點。」

在準備創業前，我們不妨先審視自己有什麼專長。有很多人原本有穩定的工作，但又想要透過創業來獲取更大的成功。在選擇經營什麼樣的生意時，相當一部分人認為，自己既然已經辭掉了原本的工作，就應該徹底和這個行業脫勾，如果連創業也選擇跟老本行相關的行業，豈不等於是走回頭路了？這個想法實在是大錯特錯！

老本行的經驗如同基石，在打好地基的基礎上蓋房屋，顯然比起重新開鑿地基要快得多。如果你曾經學過服裝設計，懂得色彩搭配，經營起服飾店一定比開餐廳駕輕就熟得多。顧客可能會稱讚你「很懂得搭配，總能替他找到漂亮的衣服」。而如果改為經營餐廳，很可能會被顧客埋怨「菜的品質不好，服務也不周到，老闆一定是個門外漢」。

創業最大的資本就是專業知識，顧客不僅僅想購買商品，更要享受專業的服務。在生意場上，如果一個創業者對自己的商品瞭若指掌，對於商品的原料、產地、製作工藝瞭若指掌，說得出它跟其他同類產品相比之下獨有的特點與優點，懂得如何使用如何維修，必然能贏得顧客的信任，在顧客心中樹立起專業的印象。相反地，對於客戶的質疑總是答不上來，不知道自己的商品與別人的商品有什麼不同，必定會讓顧客留下不好的印象。哪裡有人願意從一個比自己還不專業的人手中購買產品呢？

實際上，很多人創業失敗的原因就在於盲目，沒有充分進行創業前的準備。創業者應該時刻注意學習和累積專業經驗與知識。

一、創業者可以從原先的老闆身上學習經驗

那些早已在某個領域佔有一席之地的人，在創業這條道路上既然先行一步，並且已經取得了成功的結果，那麼他身上一定有值得學習的地方。所以你的前老闆就是最容易接觸到的「創業先行者」，借鑒前老闆的經驗就是最方便有效的方法。

二、可以通過書籍、網路累積專業知識

那些專業化的書籍和網站都可以豐富創業知識。創業者應該主動去尋找相關的書籍和資訊，隨時更新專業知識。

三、從創業實踐中汲取經驗

只有空洞的知識沒有真正的實踐，也是累積不了經驗的。累積創業知識最好的途徑，就是創業實踐。創業實踐可通過兼職打工、進入相關行業求職、試辦公司等方式，創業經驗最有效的獲取途徑，就是在不斷的實踐中總結。

在知識經濟時代，擁有經驗與知識就是擁有財富，必須具備充足的行業經驗，創業才會得心應手。因此創業者一定要隨時補充專業知識，累積豐富的行業經驗。尤其是經濟管理知識，如經濟學、統計學、市場行銷、管理學和金融學等。淵博的學識是創業者必備的基本條件。

一、經濟學知識

供給和需求之間的聯繫是經濟學研究的重點。比如，冬賣棉襖夏賣冰，商品的品質在冬夏兩季並沒有產生差異性，僅僅是因為人們需求的多與少，就決定了商品的銷量，更決定了商品的價格。針對需求來供給，才能保證企業的生存，促進企業的發展。

高效的企業運作，是對未來資源的調動，當然也涉及了供給和需求。在什麼條件下能有多少資源投入？這麼多的資源，究竟能有多少回報？這是創業活動的重點。學習經濟學知識，首先要重視觀念，而觀念的建立可以由觀察日常生活與研讀經濟學方面相關的書籍來獲得。

二、統計學知識

創業者要學會借助所搜集的資料來驗證自己的判斷，想做到這樣，就需要掌握好統計學知識。統計學的功能在於提供分析和提出觀念，以作為判斷依據。

除了統計學術上的研究外，創業者還應該學習統計的基礎應用過程，它有助於提煉和總結現有資料。所以一定要多看統計方面的相關參考書。

三、市場行銷知識

豐富的市場行銷知識是經營活動展開的基礎，創業者必須儲備豐富的市場行銷知識，才能快速擴展市場。隨著制度的不斷規範、經濟的不斷成熟以及競爭的不斷加劇，專業化的經濟行為開始出現，簡單的投機行為將無法再鑽市場漏洞。知識和文化已經成為賺錢的重要條件，理性成熟的市場將更加注重富有市場行銷知識的人才。

四、管理學知識

豐富的管理學知識是創業者必備的能力。因為管理學所研究的重點，就是透過管理來降低組織的運行成本，從而達到提高組織運行效率的目的。管理學的發展使得現代組織的管理，尤其是生產性組織的管理發生了一場革命。人們的管理行為從過去自發的經驗逐漸上升到一種自覺的意識。到了現代，管理學已經成為創業人員的必修課程之一。

從近代創業史來看，經驗管理仍然是創業者管理企業的主流，企業的成敗在很大程度上依舊取決於創業者的經驗、經歷和能力。因此創業者們迫切需要進行管理上的創新變革。企業的穩定經營最終還是要靠一套規範化的管理制度。管理方式本身並沒有好壞之分，只是在不同的企業、不同的環境、不同的歷史階段中所使用的管理方式不同罷了。對於很多創業者來說，管理創新極其關鍵，創業時期的經營管理模式能否形成並獲得成功，正是企業能否發展起來的決定性關鍵。雖然在商界流傳有許多經典管理法則，但是在具體創業過程中，卻需要一套具有前瞻性的商業理論。如果不能在理論上進行更新，就不會創造出新的營利模式，也不會發想出新穎的管控制度。這樣一來，企業從甫問世的那一天起，就會淪落為平凡的普羅現象，難以在競爭慘烈的市場中獲得發展空間。

五、金融學知識

金融學知識是創業者必不可少的經濟知識，它主要針對如何提高資金運行的效率進行研究。在一個企業中，金融學的知識主要表現為企業如何對可利用的生產資源進行運作與管理，從而實現企業追求利潤最大化的目標。

當然，要真正走好創業這條路，絕不是僅僅局限於這些知識就夠了。創業者在準備創業之時，就要盡可能地提高自己的知識儲備量，在創業之路上才會走得更順遂更長遠。

創業鐵律二

設定自己的經營角色，不要搶公司其他人的工作

一個優秀的管理者是那些每天耗費大量精力，從技術到市場一手包辦的人嗎？恰恰相反，管得越多不代表管的越好，真正優秀的管理者反而是「什麼都不做」的人。很多創業者，事事都要親力親為，其實那正代表著他並沒有想明白自己的經營角色應該定位在哪裡。

創業者的工作重心和焦點到底在哪裡？實際上，所有創業工作最終要落實到人！如果把團隊比喻成出航的輪船，你認為創業者更像船長、舵手、還是領航員？創業者其實應該有雙重定位：輪船設計師和輪船管理者。輪船的正常安全運轉和輪船的經濟效益，就是你的工作中心！

對於大部分創業者而言，所有一切都需要親力親為，我們會為自己所累積及領悟到的獨特方法和技巧而欣喜若狂，同時也會為了如何方便、快捷又高效率地將這些方法和技巧複製到團隊和員工身上而犯愁。從效果上來看，一對一地教導，或是遇到問題現場指導，是非常具有針對性且最為理想的輔導方式，但這種方式存在著耗時多、週期長、成本高、傳播速度慢、可培訓人員數量少、時空局限性強等非常明顯的弊端。在員工數量較少之時還尚能應付，一旦公司規模快速擴張，這種模式無疑將很難適應發展需要。

創業者在前期多半都想得很美好，但實際落實的情況經常會打很大折扣。一旦被問及為什麼某些事情沒有達成，他們多半會回答時間不夠、忙不過來，其實這都是藉口。請認真地想一想，你的時間安排真的合理嗎？你的時間真的飽和了嗎？你的碎片時間真的利用上了嗎？在經過認真反思之後，往往連你自己都會覺得這種說法站不住腳。

「這件事如果不做，會有什麼後果？」如果答案是完全沒有影響，那我們就不該再做這件事。「沒有比保持屍體不腐爛更困難、更昂貴而又徒勞無功的事情了」。這句話意味著管理者要擺正自己的經營角色，根據成本理念，立即拋棄那些不具創造價值的活動，拋棄那些「行將就木」的過去，將更大的精力集中到未來更有價值的活動中去。

美國貝爾電話公司為什麼能多年稱霸市場？儘管電話系統是一項典型的公用事業，但在一九二〇年代中期菲爾擔任該公司總裁的這二十多年時間裡，貝爾電話創造了一家世界上最具規模、發展得最快、最大的私營企業。個中秘訣是什麼？菲爾認為這歸功於公司的「四大決策」。

第一大決策是實行「公眾管制」。不能把一項全國性的電訊事業看成是一種傳統的「自由企業」。公司領導者認為想避免遭到政府的接管，在管理上唯一的辦法就是實行「公眾管制」。所謂「公眾管制」，就是堅持有效、誠實、服務的原則，這是符合公司利益而且事關公司生死存亡的關鍵所在。公司把這一目標交付給各地子公司領導者，使公司從高層到普通員工，都能朝著這一目標共同努力。

第二大決策是要求貝爾公司滿足社會大眾的服務要求。貝爾電話公司是私營企業，想保持自主經營而不被國家接管，必須能夠精準預測和滿足社會大眾服務的需求，所以公司提出了一個「本公司以服務為目的」的口號。根據這一口號的精神，貝爾公司樹立了一個全新的標準：衡量一個管理幹部的工作績效，應該根據服務的程度，而不是營利的程度。

第三大決策是發行股票開拓大眾資金市場。貝爾發行了一種ATGT（美國電話電報公司）股票，來開拓來自社會大眾的資金市場，可以避免通貨膨脹的威脅。正是得益於這項決策，貝爾公司長期以來始終保持著源源不斷的資金來源。

第四大決策是建立「貝爾研究所」。電訊事業的生存與發展，其決定性因素就在於其領先技術。為此必須建立一個專門從事電訊技術研究的「貝爾研究所」，目的是為了摧毀「今天」，創造一個美好的「明天」。

四大決策確保了貝爾在通訊市場上持續領先。很多管理者一直不明白自己為什麼一直在為昨日的任務而忙碌，其中的主要原因就是因為昨日的決策存在著失誤，而今天只好不斷地以修補行動來為失誤買單。顯然，貝爾的四項決策，並不是老闆自己一個人想一想就定案的，而是經過集體的民主決議，並且盡最大努力保證了決策的正確性。這樣的方式，可以使公司的管理者每天都行走在正確的道路上。

決策的最高境界就是其精準性和科學性，面對競爭激烈的年代，管理者要盡可能降低決策實施過程中的不確定性因素。但不可避免的是，任何企業的管理者都曾碰到過決策失誤或偏離的情況，遇見這種情況，杜拉克給出的建議就是放棄，不要再為昨天沒有產生任何效益的事而浪費時間和精力。

你的經營角色直接決定了整個企業的效率。如果一個創業者想把所有不管值不值得的事情都做好的話，那結果肯定是什麼事情都做不好的。一流的人做一流的事，優秀的創業者只要做好值得做且有成效的事情就行了。每個人的精力總是有限的，並不是每一件事情都值得我們鞠躬盡瘁，只有像園丁那樣剪去部分枝條，才能使樹木更快地茁壯成長，增加果實的數量與品質。

優秀的創業者，幾乎沒有什麼共通性，他們在性格、知識和興趣方面都迥然不同。唯一的共同點就是對自己的定位很明確，建立共同的目標。有效的團隊必須具有一個大家共同追求的、有意義的目標。由於它的存在，使員工認識到這是「我們的團隊」，而不是「他們的團隊」，而且知道「我們要創造什麼」，從而能夠為團隊成員指引方向，提供推動力，讓團隊成員願意為它貢獻力量。

馬斯洛晚年從事出色團隊的研究，結果發現它們最顯著的特徵就是具有共同的目標。他觀察到：一個出色的團隊，任務與員工本身已無法分開。或者應該說，當個人強烈認同這個任務時，要定義這個人真正的自我，就必須將他的任務包含在內。

因此，創業者作為企業的輪船設計師和輪船管理者，如果想讓下屬積極地投入工作，就應當幫助下屬確定工作目標，為他們構築一個充滿刺激而又富有吸引力的未來，而非凡是親力親為。

好想好想自己當老闆
—教你開一家會賺錢的公司
How to Become a Boss

創業鐵律四

經營者要對失敗抱持理性的態度

經商本來就是一種風險非常高的事業，一個合格的創業者，不能因為遭遇失敗就不再前行。失敗是營養品，讓人一生受益匪淺。克服了失敗後，就會發現沒有「過不去的關卡」。

在很多人的印象中，成名的創業者當年手裡總是只有很少的錢，後來魔術似的成長到十億身家。「白手起家」確實是創業的一種模式，但那只是其中一種，那個時代本來就是個一窮二白的時代，白手起家順理成章。

現在整個社會市場經濟已經漸漸成熟，財富也相對集中，商業競爭日趨激烈，在這種環境下依舊摸著石頭過河，溺水的危險就大了。在創業過程中，無時無刻不存在失敗的風險。每次開發客戶，都存在著功敗垂成的可能；每一次信用銷售，都有收不回本錢的危險。我們經常承受著市場環境變化所帶來的壓力，那種感覺就像在水流湍急的大江中航行。在浮沉不定的商海中，過往的成功，並不代表將來一樣會成功。昨天如日中天、今朝轟然倒塌的實例並不鮮見，價格變動異常頻繁的領域更是如此。

據統計，在美國新創公司存活十年的比例為百分之四。第一年以後有百分之四十破產，五年以內百分之八十破產，活下來的百分之二十在第二個五年中又有百分之八十破產。哈佛商學院的研究發現，第一次創業的成功率是百分之二十三，而已成功的企業家再次創業成功的比例是百分之三十四。

不要相信那些一年創立、兩年融資、三年上市的故事，更不要相信有人在廁所用六分鐘就搞定永遠也花不完的錢的故事，否則你連「死」都不知道怎麼「死」的。這些故事，幾乎肯定是吹嘘的，即便不是吹噓的，故事的主人翁也是百分之一、千分之一的幸運兒，就算跟你吹牛的人就是那個幸運兒，那也不保證你會是下一個幸運兒。

很多企業在成功之後會下意識地杜撰很多「英雄壯舉」，這當然可以理解。一方面成功路上很多事情確實不足為外人道，另一方面也是人人都有「包裝」自己的心理，但其實這是最容易令大眾盲從的地方。對於很多創業者來說，如果完全按照成功者所宣稱的方式去做，基本上大概也都是「死無葬身之地」。

創業是帶著一群未知的人，去一個未知的地方，做一件未知的事。再有能力的創業者也無法在出發前就想清楚所有的事情，即便是你已經想得很透徹，一旦真正開始做之後也會發生很多變化。所謂「槍聲一響預案作廢」，絕大多數公司成功時的方向和最初設想的產品總是大相徑庭，創業者需要在前進的過程中根據市場的情況以及消費者的反應，甚至是競爭對手的動態來隨機應變。

創業的特性決定了創業之路開始容易，過程很難，收場更難。煎熬是創業的典型狀態。創業路上，最常見的不是成功和失敗，而是長時間的苦苦掙扎。

十年前，成就一家全國規模的知名公司需要十五年甚至二十年的奮鬥。後來有了風險投資的介入，只需要七八年的時間就可以成就一家網際網路知名公司。但對於多數創業者來說，沒有經歷五至八年、每天十二小時，每週七天的創業奮鬥，很難有大成就。

有鑑於此，經營者就需要有接受、認識並克服困難的勇氣和信心。因為在激烈的市場競爭環境下，一個不管條件再怎麼好，資金再怎麼充足的企業，都會有一段漫長的煎熬，都有可能遇到失敗。所以創業需要長期保持著理性的態度去看待才行。

在二〇一一年四月舉行的中國大學生自主創業經驗交流暨全球創業高峰會上，上海復星高科技有限公司董事長郭廣昌以一個一九九二年開始創業的「過來人」身分，回憶起自己創業時的酸甜苦辣，首先便朝年輕的創業者們潑了一盆「冷水」：「失敗的一定比成功的多，所以在做好積極準備的同時，更重要的是要為失敗做好準備。如果你沒有為失敗做好準備的話，我建議大家不要輕易去創業。」

而被稱為「大學生導師」和「創業導師」的李開復更是潑下一盆「冰水」。他直言，很擔心年輕人在沒有準備好的時候，過早出來主導創業。「尤其是大學生，大學生對創業充滿熱情非常好，但是夢想自己一畢業就可以成為下一個馬化騰，這在絕大多數情況下是不現實的。」李開復認為，創業的基本「門檻」中，最重要的就是要有抗壓的能力，「創業的過程充滿了挫折，要能夠面對這種挫折，善於學習，從中得到教訓。最終成功的創業者和失敗的創業者，差別往往就在是否堅持。」

創業處處存在著挑戰，我們當然可以規避一些風險，也可以降低一些風險，但沒有辦法完全避免掉失敗的風險。一個比較理性的態度就是，我們要敢於面對風險，勇於接受挑戰，同時坦然淡定，不驕不躁，絕不氣餒，在不斷承受各種不確定因素帶來的壓力中持續前進。也許很多人感覺這一點難以做到，然而這就是創業者的宿命，無論你樂意還是不樂意，都得朝著這個方向修煉。

一位美國公司的總裁曾說過：若你在一年中不曾有過失敗的記載，那代表你未曾勇於嘗試各種應該把握的機會。現在競爭如此激烈，推陳出新的頻率越來越高，企業的「成功」可說幾乎與永恆絕緣，「成功」的含義已演變為「暫時的領先」，「離破產永遠只有十八個月」不單是微軟的寫照。在這樣的情況下，置於死地才能重生，斷了自己的後路，才能義無反顧往前行。只有不斷否定現在，才有嶄新的未來。

當我們考量很多成功經歷的時候，往往會被他們環環相扣的謀略和高超的預見眼光所折服，一種崇拜情結油然而生。其實，這只是表面現象，從因果關聯來看，前面的幾次成功，肯定會為後來事情的發生備好很多條件，這種前因後果的沿襲關係，的確是一環扣著一環。表面上看起來，主人翁似乎的確擁有超強的策劃能力和獨到的眼光，將前前後後一切事情都規劃好了。但實際情況往往是，當你處於任何一個環節的時候，都面臨著很多不確定因素，這一步究竟會走成怎樣，最起碼會有三種可能，如果整個過程存在五個環節的話，最終可能會出現兩百四十三種不同的結果。即使你策劃好了幾條路徑，只要其中任何一個環節沒有按照計畫達到預期效果，整個計畫就會變成一紙空文，所謂的嚴密也就成了笑談。

這些成功者每一次做出決策之時，都跟我們一樣面臨著若干風險，很多時候不得不走一些險棋。他們經營技術也許高超，但那也不能保證每次都有百分之百的把握。因此他們看似環環相扣的成功，並不是事先設計好的，而是積極面對挑戰、個人不懈努力和風雲際會共同作用的結果。成功人士的歷次決策，多多少少都帶有一些賭的因素，特別是面對高風險決策之時。

陳永栽在二○○七年《富比士》雜誌九月公佈的東南亞四十名富豪中，名列第十二位。

半個多世紀以前，陳永栽一家生活非常貧窮，出生於福建晉江，四歲跟著父母到菲律賓謀生。後來由於一些變故，剛滿十一歲的陳永栽在一家煙廠當雜役。那段日子，陳永栽一邊賺錢養家，一邊自學，以半工半讀的方式修完馬尼拉遠東大學化學工程系。畢業後，陳永栽仍在煙廠工作，並且被升任為化學技師。在他擁有了豐富的化工知識和在煙廠多年的工作經驗之後，他又擁有與商界的密切聯繫，於是決定辭去化學技師的職位，開始自己創業。在周邊人的幫助下，他創辦了一家澱粉加工廠，但以失敗告終。

之後，陳永栽與一群當年煙廠的同事在馬尼拉的一所小房子裡創辦了自己的煙廠。當時，菲律賓煙草市場競爭十分激烈。這樣一家小資本的工廠該如何擠進市場？陳永栽通過分析市場需求及自身條件，決定投產中價位的香煙，並要求品質必須超越其他廠商。經過努力，福川煙廠的產品打開了銷路。不料，一九六八年，他的生意剛有起色時，卻遭遇了一場颱風，福川煙廠大半設備被毀。陳永栽和工人不分晝夜修建房屋，挑揀被淋濕的煙草，修理被毀壞的機器。儘管遭受打擊，陳永栽並不氣餒，反而更加堅定了徹底改變落後製煙設備的決心。

他把世界先進的製煙生產流水線和現代化的捲煙機引進菲律賓，並在此後不斷引進先進設備，使煙廠的設備和技術處於世界先進水準。後來，他的煙廠終於發展成菲律賓最大的香煙製造公司，佔據菲律賓七成以上的香煙市場佔有率。此後，陳永栽的事業開始全面崛起。

創業充滿風險，但是只要自己不放棄，願意接受挑戰，便有可能取得成功。全球經濟衰退已影響到各個行業的生產經營，但創業者自己要認清，並使下屬接受目前的困難是暫時的，而且是企業必須經歷的，只要大家齊心協力，就能渡過難關。創業者要在企業處於困難時期時，分析自己企業的優勢、劣勢以及市場的需求和機遇。這個時候，創業者應該認真思考一下，怎樣去構建自己的核心競爭力。在大風大浪面前，企業不應怨天尤人，也不應將希望寄託於外力救援，而應冷靜面對，在保障資金鏈安全的基礎上適度調整經營策略，提升企業核心競爭力。

如果企業通過自己的努力和累積，終於獲得解決困難的能力、資源和條件，那麼就可以解決所遇到的困難。一旦困難解決了，也就證實它是短暫的休息。時間本身是不能解決企業困難的，只有創業者理性面對創業過程中可能出現的困難與失敗，真正地去行動，去調整企業的策略目標，提高企業的核心競爭力，才能解決企業在發展中所遇到的困難，在商海沉浮中脫穎而出。

創業鐵律五

科學化的市場研究是創業成功的關鍵

創業初期，創業者在做任何決策前都應該進行科學的市場調查，充分瞭解該行業的獨特規律以及發展趨勢。如果創業者不深入進行市場調查，而只是憑經驗和感覺人云亦云地盲目跟風，這種不經過科學分析所做的決策，往往容易導致創業失敗。

所謂市場調查，就是對某一產品或服務的消費者以及市場營運的各階段進行調查，依照其目的，有系統地搜集、記錄、分析及整合相關資料，瞭解市場的現狀及其發展趨勢，為市場預測和行銷決策提供客觀且正確的資料。

市場研究是企業行銷活動的出發點，其作用十分重要。市場研究主要是針對市場競爭者，即產業或行業來進行的，目的在於掌握競爭對手的行銷動向與策略，蒐集可以為己所用的行銷工具，如管道、媒體等等，從而為行銷管理者在制定、評估和改進行銷決策時提供依據。

真正有智慧的經營者，在選擇經商地點時，首要的第一步便是考察市場，因為一個地方的自然條件、地理條件及各種政治、經濟、文化、交通等因素，對於經營成敗有著至關重要的影響。

正所謂「沒有調查就沒有發言權」，做好市場考察，發展才有憑有據，頂新集團就是這樣做的。

一九八八年，頂新集團開始在大陸投資，由於缺乏對大陸市場的瞭解，當時投資的幾個專案均以失敗告終。就在頂新集團董事長魏應行意欲退回台灣時，事情出現了轉機。

一次，魏應行外出辦事，因為不習慣火車上的飯盒，隨手便拿出從台灣帶來的速食麵泡來吃。沒想到這些在台灣非常普通的速食麵，卻引起了同車旅客極大的興趣，魏應行馬上將麵分給旅客。他們吃著熱騰騰的麵，直誇好吃，又方便又實惠。看到此情景的魏應行腦中似乎生出了靈感，他心想：「我怎麼沒有想過可以這樣做呢？

這時的魏應行又自責又慶幸，自責的是自己竟沒有對大陸市場進行徹底的調查分析，沒有抓準大陸市場的真正缺口，只是一味地從自己的想法出發，白白把精力和物力浪費在一些無關緊要的投資項目上。另一方面，他慶幸的是自己在一些細節問題上的細心，才得以找到在大陸開拓市場的希望，那就是投資速食麵。

有了這個想法的魏應行立即付諸行動，他派人對整個大陸市場做了細緻的調查，從各個地區的人口到民眾的飲食習慣，再到他們的飲食規律。在品牌打造上，他也下了很大一番工夫，將產品定名為「康師傅」。因為「康」讓人聯想到「健康、安康、小康」，「師傅」讓人聯想到手藝精湛的專業人士。「康師傅」的形象是一個笑呵呵、很有福相的胖廚師，這些都十分符合大陸消費者的心理取向，也特別具有感召力。夏天不負苦心人，經過多年的發展，如今康師傅已經成為中國內地速食麵市場上的領導品牌。

頂新集團在投資大陸食品市場時，屢戰屢敗，屢敗屢試。最終憑藉著對大陸市場的細緻分析，在速食麵上發現了商機，獲得了飛速的發展。

由此可知，企業的經營者在開拓市場時，除了要時時保持商業的敏感度外，還要對市場進行充分研究分析，用一雙慧眼和一顆智慧的頭腦，挖掘「柳暗花明」處的機遇。

企業想進軍一個新的領域，或在一個全新的地理區域安營紮寨，如果缺乏對市場的考察，無異矇著眼睛奔跑，最終在瞎跑亂撞中跌得頭破血流。

因此，在市場考察時要作好四個方面的分析：

一、產業分析

其中包括自身產業、還有相關行業的分析，管理者最好找到大量相關的文章進行瞭解。

二、競爭對手分析

管理者要將競爭對手進行分級，找出哪些是產業領先者，哪些是自己的主要競爭對手。

三、自身產品分析

瞭解所經營的產品特性，找出與競爭對手的差異點，並把差異點都列出來。你的腦海裡必須非常清楚這些差異在哪裡。

四、消費者分析

市場調查對創業會產生什麼樣的作用？又會怎樣影響企業經營呢？我們不妨來看一看這個例子：

享譽全球的大品牌可口可樂在一九八〇年代中期出現過一次極具毀滅性的「失誤」。

一九八二年，老對手百事可樂對可口可樂發動了新一輪的市場攻勢。這一回，百事可樂的銷量一路上升，已經威脅到可口可樂的傳統霸主地位。為了扭轉劣勢，可口可樂公司決定進行一次深入的市場研究，以便發現問題，找到對策，解決危機。

這一次的市場研究中，設計了諸如「你認為可口可樂現有的口感如何？」「想不想嘗試一下新的口感？」「如果可口可樂的口感變得柔和一些，你是否能接受？」等一系列問題，希望能夠透過這次市場研究，瞭解消費者對可口可樂口感的評價，以便開發新口味。根據市場研究的資料顯示：大多數消費者表示能接受新口味的可樂。

於是可口可樂以此為依據，開始研發新口味。新口味正式推向市場之前，可口可樂公司又進行了口味測試，結果讓決策高層更為放心。這次市場調查的資料顯示：新可樂應該會是一個成功產品。一九八五年，可口可樂公司舉行了盛大的新聞發表會，隆重宣佈：新口味可口可樂將取代老可口可樂上市。

然而實際情況卻是：在新口味可口可樂上市之後，可口可樂公司卻遭到了人們的嚴厲指責，人們認為新口味的可口可樂是對美國象徵的一種背叛。甚至有人成立「美國老可口可樂飲用者」組織來威脅可口可樂公司，如果不按老配方生產，就要提出集體控告，有的消費者甚至揚言再也不買可口可樂。僅僅過了三個月，新口味可口可樂計畫就以失敗而告終。

市場調查是企業制定方針和策略的依據，是非對錯終究需要經由市場來驗證。在這一次的市場研究中，可口可樂公司忽略了最關鍵的一點：對於廣大消費者來說，可口可樂背後所承載的傳統美國精神，才是他們最主要的購買動機。新口味可口可樂的出現，無疑是對美國精神的一種背叛。這次市場研究失敗的最主要原因，就在於此。

市場調查是創業的前奏，是制定策略方針的基礎，可供參考的調查方法主要有兩種：一是委託專門的市場調查公司，二是由自己一手操辦。但總體來說，不管是找人操刀還是親自操辦，市場調查的實施方案大致相同：

一、確定明確的市場調查目標

市場調查是為創業者在進行市場預測和經營決策時，提供科學可靠的依據。這就要求創業者首先要明確：「我為什麼要做市場調查？我要瞭解哪些情況？我要解決哪些問題？」不少創業者由於目標模糊，對市場調查的設想顯得雜亂無章，這就要求創業者必須對症下藥，在進行正式的市場調查之前，要先通過網路、各類報刊、統計部門、產業協會公佈的資訊等方式，有效地收集整理相關的二手資料。這樣才能夠在明確目標的指導下，為市場調查做足準備工作。這樣一來在具體調查過程中，消費者才會樂於配合，創業者的市場調查設想也才顯得井然有序。

二、設計具體的調查方案

創業者在制定明確的市場調查目標後，接下來的步驟就是為實現這一目標，設計一個具體的方案。一個切實可行的市場調查方案一般包括以下幾個方面：

(1)調查要求與目的。這是每次市場調查最基本也是最關鍵的問題。不管準備從事哪一種創業專案，都應該將需要瞭解的相關資訊具體落實到方案上。

(2)調查對象。通常情況下，市場調查的對象一般為消費者、零售商、批發商。

(3)調查內容。創業者可以根據市場調查的目的來擬定明確的調查內容。調查內容要求條理清晰、簡潔明瞭。避免主次不分，內容繁瑣。

(4)調查樣本。

(5)調查的地區範圍。

(6)樣本的抽取。

(7)資料的收集和整理方法。

與企業在做決策前都該做市場調查一樣，創業者在決定創業專案時，更應該進行科學的市場調查。科學的市場調查是創業成功的關鍵，決策正確與否，關係到創業的成敗。不少創業者因為一個錯誤的決策導致全盤皆輸，但願更多的創業者能夠認識到市場調查的重要性，了解到科學的市場調查是創業決策的好幫手，能夠真正重視市場調查，在激烈的市場競爭中不斷取得勝利。先確定出產品目標的消費者，才能為目標消費者購買產品提供足夠的理由。

創業鐵律六

創業者需要對創業環境做出SWOT分析

全面考慮環境是創業中必不可少的一環，創業者要做的是在這些環境中分析自身的優勢與劣勢，以及面臨的機遇與威脅，科特勒認為，識別環境中有吸引力的機會是一回事，擁有在機會中取得成功所必需的競爭能力是另一回事。

「優勢」——Strengths、「弱勢」——Weaknesses、「機會」——Opportunities、「威脅」——Threats組成了SWOT四個面向。通過SWOT分析，可以結合環境對企業內部能力和素質的影響，並進行評價，弄清企業相對於其他競爭者所處的相對優勢和劣勢，幫助企業制定競爭策略。

企業與市場環境SWOT分析

	內部優勢S	內部劣勢W
外部機會O	SO策略 依靠內部優勢 抓住外部機會	WO策略 利用外部機會 克服內部弱點
外部威脅T	ST策略 利用內部優勢 抵制外部威脅	WT策略 減少內部弱點 回避外部威脅

一、創業優勢與劣勢

優勢是指創業者相對於競爭對手而言所具有的優勢資源、技術、產品以及其他特殊實力。核心競爭力是企業的優勢。另外，充足的資金來源、良好的經營技巧、良好的企業形象、完善的服務系統、先進的工藝設備、成本優勢、市場領域地位、與買方或供應方長期穩定的關係、良好的雇員關係等等，都可以形成創業優勢。劣勢是指影響企業經營效率的不利因素或特徵，它們使創業者在競爭中處於弱勢地位。一個企業潛在的弱點主要表現在以下方面：缺乏明確的策略導向、設備陳舊、營利較少甚至虧損、缺乏管理和知識、缺少某些關鍵技能或能力、內部管理混亂、研究與開發工作落後、公司形象較差、銷售管道不暢、行銷技巧較差、產品品質不高、成本過高等。

創業者不可能糾正所有的劣勢，也不必利用所有的優勢，但必須確定是否要發展某些優勢，以便找到更好的市場機會。企業在設計競爭策略時，要充分利用一切的機會，同時清醒地認識自身優勢和劣勢，採取正確的行銷措施。

在創業過程中，激烈的競爭往往會帶來較高的行銷成本，而且行銷方面的投入也會因此面臨更高的風險。競爭各方都會使出渾身解數來削弱對方的行銷效果，增強自己的市場佔有率。尤其是當市場中存在諸多強有力的競爭者時，就會對該細分市場的吸引力大打折扣。因此，企業都喜歡競爭對手尚未飽和的市場。

於一九四八年以生產自行車助力發動機起步的本田汽車公司（Honda），一直以「夢想」作為原動力，以「商品」的形式不斷為個人和社會提供更廣泛的移動文化。在一九五九年六月十一日那一天，美國本田汽車公司（American HONDA Motor Co）落成於加州洛杉磯後，時至今日，這家來自太平洋西岸的日本車廠，已經在太平洋東岸的美國拓展長達半世紀。在這段期間美國本田創下許多重要記錄。

自一九五九年開始，本田先以一九五八年問世的便宜、高耐用度的本田

SuperCub輕型摩托車擔任先鋒，成功打入美國家庭市場，也奠定了本田後續在美國市場的品牌口碑基礎。

在汽車方面，本田公司向美國消費者推銷其汽車時，遵循「選取競爭對手尚未滿足的市場」這一原則，成功地選擇了自己的目標市場。與「賓士」、「奧迪」、「富豪」等高級轎車相比，本田的汽車不僅價格較低，技術也較高，足以從競爭對手口中爭食。然而，本田公司並沒有這樣做。根據本田的預測，八〇年代末、九〇年代初，隨著雙薪家庭的增多，年輕消費者可隨意支配的收入將越來越多，涉足高級轎車市場的年輕人也將越來越多。與其和數家公司爭奪一個已被瓜分的市場（也就是早已生活富裕，並擁有高級轎車的中老年消費者市場），不如開闢一個尚未被競爭對手重視，因而可完全屬於自己的市場——即快要進入富裕生活的中青年消費者市場。正是這種明智的策略決策，奠定了本田在美國中青年消費者中的地位，並且受到了他們的熱烈追捧。

本田汽車正是因為發現並開闢了青年汽車消費市場，從而輕鬆贏得了這個被競爭對手「遺漏」的市場。哪裡有市場，哪裡就有競爭，但總存在一些尚未被滿足的市場，那裡競爭相對較小。所謂市場競爭，其實就是賣方之間為了尋找有消費需求和有貨幣支付能力的買方，而發生的競爭。作為賣方的企業，其競爭的主要對象是經營同類產品的其他企業，其目的是與同行爭奪買方，吸引買方購買自己的產品。

激烈的市場競爭對於企業來說是很花精力的，即使像本田公司這樣富有競爭力的企業，也不願將過多精力花費在競爭者眾多的市場上。因為競爭會使得企業之間能力相互牽制，也意味著利潤會被許多對手分食，最後大家都占不了多少便宜。尤其對一個初涉商場的創業者來說，來自競爭者的威脅是巨大的挑戰，甚至是隱患。因此，去尋找那些未被競爭者滿足的市場，有效地採取一些競爭策略，就可以放大自己的優勢，在激烈的市場競爭中做到百戰百勝。

二、環境機會與威脅（企業的外部環境）

科特勒認為，行銷是一門專門發展機會並從中獲利的藝術，科特勒把機會定義為：「公司能在獲利的前提下滿足顧客需求與興趣的領域。」環境的變化、競爭格局的變化、政府控制的變化、技術的變化、企業與客戶或供應商關係的改善等因素，都可視為機會。企業所處的環境隨時都在變化，這些變化對不同的企業來說，可能是機遇，也可能是威脅。比如政府對環境的保護以及居民對健康的重視，正好為香煙替代品的生產提供了機會，但對香煙生產企業來說卻是威脅。機會可以說無處不在。例如戰爭為生產武器的商家提供了機會，政府的對外開放政策為外國資金的流入提供了機會，居民收入水準的提高為高檔消費品的生產商提供了機會等。環境提供的機會能否被企業利用，取決於企業自身是否具備利用機會的能力，即企業的競爭優勢是否與機會一致。

市場機會主要有三個來源：

(1)某種產品供應短缺。

(2)使用新的方法向顧客提供現有的服務。

(3)向顧客提供新的產品或服務。

行銷人員對企業所面臨的市場機會，必須慎重地評價其品質。美國著名市場行銷學家希歐多爾．萊維特曾警告企業家們，要小心評價市場機會，他說：「這裡可能是一種需要，但沒有市場；或者這裡可能是一個市場，但沒有顧客；或者這裡可能有顧客，但目前實在不是一個市場。」

威脅是環境中存在的重大不利因素，構成對企業經營發展的約束和障礙。比如，新競爭對手的加入、市場發展速度放緩、買方或供應方的競爭地位加強、關鍵技術改變、政府法規變化等因素，都可以成為對企業未來成功的威脅。與機會無時不在一樣，環境中永遠存在著對企業生存發展具有威脅作用的因素，只是他們對不同企業的作用不同而已。

對一個企業是機會，卻可能會對另一個企業造成威脅。例如，政府放鬆對航空業的控制，是地方和私人航空公司發展的有利機會；但對國有航空公司來說，就是一種威脅。同樣，某個要素既可以是某個企業的潛在機會，也可能對其形成威脅。例如，網路技術發展使一批新興企業迅速發展壯大，但如果跟不上技術的更新，也會很快落伍。

為什麼有的創業者能賺到錢，因為他們總能在人生中發現並牢牢抓住真正的機遇。有位哲人說過：世界上並不缺少美，缺少的只是發現美的眼睛。同樣，在市場經濟社會中，並不缺少機遇，缺少的也是發現機遇的眼睛。凡是賺了錢的人，他們獲取成功的一個共同特質就是——善於緊緊抓住每一個機遇！因為處處留心皆機遇，錢就在你身邊，看你怎麼去賺。

一位名叫小飛的青年搬進公司配給的宿舍，大約十五坪大。等他把包括床和許多必需品都搬進屋裡後，他那張寬大的書桌實在搬不進去了，於是打算運到舊貨市場去處理掉。

恰好，這時來了一個收破爛的鄉下人，問他這張桌子賣不賣。小飛說要兩千元，旁邊的鄰居都說這張桌子在舊貨市場只能賣一千元。可是，鄉下人卻掏出兩千塊錢，說這張桌子他要了。

「在舊貨市場是不能賣這麼高的價錢，你花兩千買走它，打算怎麼處理它呢？」他忍不住好奇地問。

「在鄉下，做一張像這樣的書桌，材料、加工費是要超過兩千元的，我打算弄回家鄉。」鄉下人說。

這個發現讓他興奮不已。他迅速聯繫鄉下的親戚，在鄉村的公路旁開起了一家舊傢俱店，他把城裡的舊傢俱拉到鄉下去賣，結果大受農民歡迎。於是他一不做，二不休，不斷地拓展業務，開了幾家分店，結果生意都十分好，利潤也很可觀。

小飛的生意經營得很順利，很多附近的鎮上的住戶們不斷地來打聽，想知道他的舊貨都是從哪兒弄來的，他們也想開一家這樣的店。

小飛靈機一動，既然舊貨在農村有如此大的市場，那麼該怎樣才能把這個行業做大呢？於是他想到連鎖加盟，自己擔任主要聯繫貨源，讓別人去經營。說做就做，小飛在店裡打出了連鎖經營的招標廣告，不到半年時間，小飛的連鎖舊貨店就開了一百多家。

當機遇出現時，立刻抓住它，也就抓住了本錢。此時，機遇已不再是機遇，而是一種創業的資本。創業本身可以是前途，也可以是「錢」途，無論走哪條路，機遇必然伴隨。擁有超人的市場意識，勇於並善於捕捉商機、發掘市場，在別人不曾發現的市場縫隙中創造出一個又一個新的商機，這樣的人就比較容易獲得成功，容易建立起具有領導地位的品牌，且少有對手與之分庭抗禮，由此容易獲得較為豐厚的利潤。抓住機遇，對未來的發展具有確立競爭優勢的決定性作用。

當然，最大的秘訣還是要善於把握商機。大千世界裡，尚未開發的市場無時不有、無處不在，各種各樣的生財機會很多，關鍵是創業者能否練就一雙敏銳的眼光，和具備觀察市場、分析市場的能力，只要一旦發現，就要立刻抓住，付諸行動。只有這樣，才能獲得成功。總之，對於創業者來說，認清企業所具有的優勢與劣勢以及面臨的機會和威脅十分重要，因為這不僅涉及企業地位的變化，也關係到企業策略的制定。

創業鐵律七

給自己一個定位，是紅海深耕還是藍海淘金

很多創業者失敗的根源不在於技術或產品，而是定位。市場定位是創業者面臨的最大挑戰。定位準確意味著創業者及企業已向成功邁出了第一步。好的市場定位能夠使創業者知道自己的利潤在哪；定位不清晰，就如同向乞丐叫賣珠寶，產品再好，也難逃失敗的結局。

創業前期，要給自己一個定位，到時是要紅海深耕，還是藍海淘金？這樣的定位，應該考量現實情況，並依此作出決策。

那麼，藍海策略與紅海策略，誰比誰高明呢？事實上，天堂裡也有苦難，藍海裡也有波瀾，市場競爭的現實從來就沒有想像中那麼好。藍海策略強調價

值創新，但創新本身的風險並不比不創新小。按照施特勞斯定律，一個企業的成就有賴於整個價值鏈的成熟度，它會受制於價值鏈中最薄弱的環節。由此看來，一個企業想取得大幅超越社會水準的發展很難，也就是說，它邁向藍海的速度，不可能超出同伴太多。若超出太多，對於企業來說，將會是一場萬劫不復的災難，會成為業界的先烈。要知道「陳舊的新生事物比新生事物更受歡迎」，創新太大，往往難以被人接受。得不到市場的認可，企業就需要承擔培育市場的任務，而這需要極大的成本。即便企業資本雄厚，市場的培育與外部環境依舊極其相關，灑錢專注培育市場的企業，未必就能夠享受到市場成熟的成果。若是創新太小，市場接受程度高，也會出現達不到擺脫紅海競爭的目的。

藍海策略只是方向的指引，不是任何企業都可以朝這個方向邁進。對大多數企業來說，「藍海策略」是一種奢侈品，因為藍海策略有著很高的門檻。多數企業在現有的紅海競爭中，就已經難以招架，很難再分出精力來進行價值創新，激烈的血戰會逐漸讓企業喪失實施藍海策略的能力。

市場競爭講求大智慧，但更講求現實，雖然成長比生存有著更高的境界，但對大部分企業來說，生存是更為現實的問題。血性競爭中若不能勝出，藍海策略也救不了你。對一個缺乏「紅海智慧」的企業來說，談藍海策略，無異於癡人說夢。

那麼該如何判斷你所進入的領域是藍海還是紅海呢？實際上，某個領域是紅海還是藍海，和進入者多寡以及競爭的激烈程度呈現高度正相關，反倒與是否屬於新領域關係不大。市場經濟最大的特點在於博弈，當社會普遍看好某類產業之時，即使真的具有良好的前景和發展趨勢，其十有八九也是紅海。

在不少人的認知當中，代表著未來發展趨勢的新興領域充滿著廣闊的機會，是一座未開發的金礦，只要早日進入，就等於為自己打開了實現財富傳奇的大門。隨手一翻就有一大堆例子論證此事，比如石油行業的崛起成就了多少人，鋼鐵行業的迅猛發展成就了多少人，IT行業的崛起又成就了多少人，網際網路行業的崛起更成就了多少人，房地產行業的興起成就了多少人——新興領域似乎從來就直接等同於藍海。在當整體資本過剩的情況下，只要某個領域被普遍看好，就會有大量的熱錢湧入。同時由於大家都認為，只要堅持到最後的成功，回報率都是成百上千倍的。因此在這些領域中，投資飽和的程度和競爭慘烈的程度，甚至要遠遠高於成熟領域。

這就意味著導入期所要耗費的時間將變得更長，配套資金量更是高得驚人，甚至可以用天文數字來形容。近些年來比較典型的例子如：影音網站、交友網站、新能源、環保產業、生物製藥、大螢幕分眾廣告等，這些領域都被認為是前景無限的領域，當屬藍海。然而只有進去的人才知道，竟然是一片血光，根本不是想像中的滿園春色。

事實上，一個領域是否屬於真正的藍海，跟各投資主體的實力有很大關係。如果你是千萬級投資商，具有打持久戰的心理準備，並有著強勁的給養保障能力。只要產業本身確實有巨大潛力，這一領域對你來講，無可置疑地屬於藍海領域。

倘若你是一個草根創業者，所能投入的資金只在幾百萬元之內，即使糾集到幾個合夥人，可動用的資本最多也不超過一千萬元。資金量準備不足，再加上進入者太多，這個領域對你來說就註定是紅海，最終結局可能連配角都不是，只能以非常淒慘的命運收場。

一個領域是否屬於真正的藍海，當然與該產業未來的成長性有很大關係，但更為關鍵的是投資和產能是否過剩。無論是新興產業還是傳統產業，如果投資規模和產能遠遠大於未來數年可預計的市場容量，則整個產業都可以看成是一個紅海。投資者在相當長的時間內將不得不面對慘澹經營的境地，對實力、信心、毅力都是比較極端的考驗。

任何事情有利就有弊，有弊就有利。具有廣闊發展空間的新興領域，雖然在市場培育期可能面臨著巨大的競爭壓力，承受著難以名狀的痛苦，卻能夠支撐企業在十至二十年的時間內做大做強，並成長為歎為觀止的明星企業。

無論是高階市場還是低階市場，都存在著一個供給和需求之間的動態互動關係，在某一階段只要供給遠遠超過了需求，這個領域就是處於階段性紅海狀態之中，即使它屬於高科技含量、高附加值產品、高增長潛力的行業，也不能例外。與自然科學規律不同，經濟規律具有明顯的博弈性質。儘管某個領域的發展趨勢的確很好，但只要這種趨勢都能被大家發現，甚至成為社會共識，就很容易導致一哄而上。此時投資和產能過剩所帶來競爭的慘烈程度和生存下來的難度，甚至會遠遠超過原本普遍不被看好的領域。這時好事反倒成了壞事，而那些普遍不被看好的領域，卻有可能成為黑馬。

在很多非常成熟的領域中，也同樣存在著盲目跟風的問題。無論是股市房市，還是很多常規的市場，莫不存在這樣的問題。

其實，這個道理很多人都明白，但大家總是存著一種僥倖心理，認為自己有能力將別人淘汰掉，能夠笑到最後。要做到這一點，也並非不可能，但在大致上有一個前提，就是你的經濟實力或者人脈資源，都必須具有非常強大的優勢才行。

冷靜想一想，藍海策略只是為整個產業指明了方向，但對於某個具體的企業來說是沒有任何實際意義的。它只是在眾多企業忙著壓成本、搶管道、打廣告、拼價格的時候，給了大家一個提醒，告訴大家還有一個領域可以「血戰」，那就是價值創新。它只是幫助眾多企業避免了為贏得競爭而全軍覆沒的尷尬，讓紅海競爭可以延續，讓企業面對未來展開競爭。

實際上，仔細分析所謂的競爭就可以發現，從產品的研發設計到生產製造再到銷售推廣，競爭制勝的關鍵點之間總會形成一道鎖鏈，我們不妨稱作「競爭鏈」。紅海策略下的競爭涉及鎖鏈的每一個環節。而藍海則是告訴企業在鎖鏈之外可以再生枝節，從「血戰」的領域進一步擴展，從一條鎖鏈擴充到一個網狀的面上。而在這個過程中，沒有任何一家企業真正擺脫血性的競爭。企業不能對藍海策略抱有太高的期望，血性競爭是市場的細胞，沒有什麼能夠救得了企業，除非在血性競爭中獲勝。

企業的生存發展，需要不斷地價值創新，需要有藍海思維；但是充斥著整個企業生命的都是「紅海智慧」。你可以選擇在這一道鎖鏈上競爭，也可以選擇另一道，但血性競爭都是免不了的。實際上，藍海策略並不是我們想像的那樣神通廣大，它並不能替代「紅海智慧」，只能算作是「紅海智慧」的一部分，是紅海競爭藝術的體現。提出「藍海策略」，並不意味著發現了一個被大家忽視或遺漏的空間，他只是賦予這種智慧一個名字，提出了一個概念。

有人的地方就有江湖，哪裡有市場，哪裡就有競爭。除非是在壟斷行業，否則，血性競爭將永遠是市場的主題，競爭才是硬道理。企業發動價格戰通常都有一個前提，就是假設對手不會跟進，但實際上這是自欺欺人。提到藍海策略的時候，實際上也有一個前提，就是假設別人不會跟進或跟不上。但實際的情況並不是這樣的，藍海從來就不是某個人的藍海，前方雖然海闊天空，但你卻未必能夠先人一步。企業想盡千方百計減輕競爭的壓力，但哪怕已經是在通向藍海的路上，競爭還是會如影隨形伴著企業。而紅海則有著極強的「感染性」，價格競爭的戰火會蔓延到任何一個角落，在自由競爭的市場上很難有一個能讓某家企業獨享的市場機會。就這一點而言，企業就應該要充分估量競爭對手的智慧和能力。

對於少數處在前端、能夠消受這種奢侈品的企業來說，也不能夠有輕視「紅海智慧」的傾向。單獨的藍海策略是難以成功的，一個想要通過價值創新獲得成功的企業，必須還要忍受一個事實，就是大量的模仿者和跟隨者。沒有足夠的紅海智慧來對付這些跟隨者，藍海策略只是一個空殼，只會讓企業背上沉重的負擔而一無所獲。

不能小看了競爭，「紅海智慧」和「藍海智慧」都是競爭藝術的體現，甚至在某種程度上，「紅海智慧」更為高深、更為實際。最高明的競爭是「紅海」和「藍海」的組合，一方面引領產業的發展，充分獲取機會創造利潤，一方面利用藍海智慧打擊對手，維護自身利益，使自己的地位能夠得以保持。這就是卡西歐模式，將價格戰與價值創新結合，先是價值創新，然後面對跟隨者展開紅海競爭，同時進行新的價值創新，如此循環往復，才能保證自身地位和豐厚的利潤。

總之，紅海是一種智慧，藍海也是一種智慧。若能科學地看待，並藝術地結合二者，則是一種更高的智慧。

創業鐵律八

抓住市場空白，賺別人看不見的錢

市場上黃金遍地並不是假話，之所以有創業者覺得不真實，是因為他們讓自己的眼睛蒙塵，這就是他們依然貧窮的原因。眼光獨到，處處留心，發現市場中的空白，才能發現埋藏在沙塵中的黃金。

在面對裝了半杯白開水的杯子，「杯子已經裝滿一半」和「杯子還有一半是空的」都是正確的描述。但從市場的眼光來看，這兩句話的意思完全不同，它所產生的結果也完全不一樣。當企業領導者的認知從「杯子已經裝滿一半」，轉為看到「杯子還有一半沒有裝滿」時，就會發現重大的市場空白。

其實發現這個「市場空白」並不重要，重要的是投資者將以什麼樣的方式進入。正如《孫子兵法》所說：「打勝仗的軍隊總是事先創造取勝的條件，而後才和敵人作戰；打敗仗的軍隊，總是先和敵人作戰，而後企求僥倖取勝。」

李嘉誠如今已成為財富的代言詞，他被人稱為「塑膠花大王」、「香港地王」、「華人首富」，他的稱號無數，就像他的財富也無可計數一樣。但他是怎樣從一個窮小子變身為世界著名富豪的呢？很多人形容李嘉誠在某些關鍵時刻總有神來之筆，李嘉誠自己則說，他只是會做一些別人想不到或不敢想的事。李嘉誠如此，霍英東也是一樣。

香港著名的大富豪霍英東，他的成功之道就在於敢為天下之先驅。他入行的第一步是在香港鵝頸橋市場所開的一家雜貨鋪。直到第二次世界大戰結束以後，他就賣掉了雜貨鋪，改做煤炭生意。不久，他又和別人一起去東沙島採集一種可以用來製藥的海草。當然，他每一次轉行都沒做過虧本的生意，而是有錢可賺的。

一九五〇年代初期，香港的房地產市場剛剛興起，霍英東慧眼頓開，覺得發財的機會來了，立即設立了立信置業公司。同行紛紛投來懷疑的目光，不知道這個默默無聞的新手是不是神經錯亂了。

這時他的第一招就令其他人刮目相看。在香港，房地產都是出售「整棟樓宇」，而霍英東使用的卻是房地產工業化的辦法，推行住宅與高層商辦結合的方式，並且採用「分層」銷售、預定樓房、分期付款等新方法。同行立刻驚覺他這種方法切實可行，紛紛效仿。只用了幾年時間，霍英東就成為香港知名的房地產商人了。

正當其他房地產商人全力以赴進行「房地產」大戰的時候，霍英東的心中又產生出了新的主意。他想，大家都在全力修建房屋，一定急需大量的沙子。他馬上花重金到國外買回來大型挖沙船。這種大型挖沙船只要二十分鐘就可以挖出兩千噸沙子，沙子進船就可卸貨，白花花的「銀子」就到手了。很多人看到霍英東的作法，急忙奮起直追……可是，此刻霍英東已經取得香港海沙供應的專利權了。

後面追兵很緊，霍英東心生一計。眾所周知，香港的土地寸土寸金，填海造地大有前途。他覺得，這一招必須下快棋！決心一定，他立即從荷蘭、美國等地購買各種設備，放開手腳開始了香港規模最大的國際工程——海底水庫淡水湖第一期工程。這一工程的開始，標誌著外國壟斷香港產業的格局被打破，霍英東也因此財源滾滾……

所有事情都是從無到有，財富亦是如此。在別人已經證明過的領域淘金，只能說明你趕上了一艘看似擁擠實則還有位置的渡輪。創業能力或在其次，創業眼光更加重要。眼光獨到，在別人看不到的地方賺錢，是經商者財富永不乾涸的源泉，也是經商者必備的能力之一。

只有眼光獨到，看得深遠，才能發現賺錢的目標。很多時候，一個人之所以能夠成功，一是因為有正確的想法，二是能將正確的想法堅持下去。眼光獨到，做別人想不到的事情，你才能獲取更多的財富。做別人想不到的事，就是要另闢蹊徑，這需要克服不斷出現的困難，需要足夠的智慧和勇氣，需要獨到的眼光，而這些都是在現實生活中一點一滴累積出來的。把別人不做的撿起來做，以獨到的眼光和智慧從中淘金，就能有大的作為。

有些人做生意總挑熱門焦點，覺得只有這樣才能挖到黃金。既然能夠引起大多數人的關注，本身就說明了它的吸引力和無限商機，這點毋庸置疑。但是換個角度看，在「冷門」裡創富，也能獲得別人挖不到的金子。

兩個青年同時到一家企業面試。兩人的表現都很出色，但是公司只能錄取一個人。

老闆說：「這樣吧，我給你們一個任務，。請你們試著把我們這次生產的皮鞋推銷到赤道附近一個島上的居民，然後給我你們的答案。」

兩個青年都去了那座島嶼，他們發現海島相當封閉，島上的人與鄰近陸地都沒有來往，他們祖祖輩輩都靠打魚為生。還發現島上的人衣著簡樸，幾乎全是赤腳，只有那些在礁石上拾牡蠣的人為了避免礁石刺痛腳底，才在腳上綁了海草。

兩個青年一上海島，立即引起了當地人的注意。他們注視著陌生的客人，議論紛紛。最讓島上人感到驚奇的就是客人腳上穿的鞋子。島上人因為從來不知道鞋子為何物，便把它叫做腳套。島民個個從心裡感到納悶：把一個「腳套」套在腳上，不難受嗎？

第一個青年看到這種狀況，心裡涼了半截。他想，這裡的人沒有穿鞋的習慣，怎麼可能有市場？他二話不說，立即乘船離開海島返回了公司。他對老闆說：「那裡沒有人穿鞋，根本不可能建立起市場。」

另一青年態度相反，他看到這種狀況心花怒放，他覺得這裡是極好的市場。因為沒有人穿鞋，所以鞋的銷售潛力一定很大。他不但留在島上，與島上的人交朋友，還在島上住了很多天，挨家挨戶做宣傳，告訴島民穿鞋的好處，並親自示範，努力改變島民赤腳的習慣。同時，他還把帶去的樣品送給了部分居民。這些居民穿上鞋後感到鬆軟舒適，走在路上再也不用擔心被石頭刺到腳了。這些首次穿鞋的人，也向同伴們宣傳穿鞋的好處。這位有心的青年還觀察到，島上居民由於長年不穿鞋的緣故，腳形與普通人有些區別。於是他針對島民所從事的生產和生活的特點，寫了一份詳細的報告給老闆。於是公司根據這份報告，製作了一大批適合島民穿的鞋，這些鞋很快便銷售一空。不久，公司又製作了第二批、第三批……

同樣面對赤腳的島民，一個青年認為沒有市場，另一個卻認為有大市場，後者能從「不穿鞋」的現實中看到潛在市場，並懂得「不穿鞋」可以轉化為「愛穿鞋」。他抓住人們身上普遍的弱點，進而挖掘，使之轉變成賺錢的機會，並獲得了成功。

面對同一種市場，不同的人會看到不同的前景，這需要敏銳的洞察力和獨特的思維方式，以捕捉那些沒有被發覺的市場，有時候沒有市場往往意味著市場空白，這也正是大展拳腳的好時機。

換個思路，就能將冷門做大。實際上，冷門生意最好做也最賺錢。只要有市場，就有賺錢的機遇。冷門之所以被定義為「冷」，是因為很多人先入為主：認為既然別人都說它冷，那就是真的冷，於是很多賺錢的機遇就這樣悄悄溜走。商之大者會細心觀察身邊的每一個領域，冷與不冷不在主觀而在市場。他們明白市場決定生意，生意決定財富的道理。那些能從「冷」處著手，鑽「冷門」的人，才可能挖到更大的寶藏。

奇瑞汽車公司成立於一九九七年，擁有十多項專利技術，經過認真的市場調查，奇瑞汽車精心選擇微型轎車作為打入市場的車款。它的新產品不同於一般的微型客車，雖是微型客車的尺寸，卻加上轎車的配置。二〇〇三年五月推出QQ微型轎車，六月就獲得良好的市場反應；二〇〇三年九月八日至十四日，在北京亞運村汽車交易市場的單一品牌每週銷售量排行榜上，奇瑞QQ以兩百二十七輛的絕對優勢榮登榜首。到二〇〇三年十二月，已經售出兩萬八千多輛。

奇瑞QQ被稱為年輕人的第一輛車。奇瑞QQ的成功就在於它的市場細分。它的目標客群是有知識品味但收入並不高的年輕人。為此，奇瑞QQ有著極其可愛的外形。雖然小車價格便宜，但是在滾滾車流中它是那麼顯眼，它那絢爛的顏色、婀娜的身段、頑皮的大眼睛，好似街道就是它一個人表演的伸展台。就這樣，奇瑞公司成為中國大陸汽車產業公認的車壇黑馬。與此同時，奇瑞轎車還連創五個國內第一，並六次走出國門，以不懈的努力創造了中國汽車史上的奇蹟。

沒有一個市場是天衣無縫的，因為新需求不斷在增加，市場也會跟著不斷變化，總會存在「空隙」，市場上永遠存在「尚未開墾的處女地」。很多創業者都明白這個道理：市場並不缺少機會，而是缺少發現。奇瑞汽車就是一個善於發現機會的公司。

在激烈的市場競爭中，要善於發現商機，把握時機。要做到這些應注意下面三點：

一、以市場為標準，確定商機的範圍

選擇商機時，不要去考慮自己熟悉與否，只需要考慮市場的前景如何。許多人傾向於選擇自己熟悉的行業，這無可厚非，甚至在很多情況下是值得推崇的。但是，如果在市場決策中因經營者的專業限制而錯失機會，那將會是很大的損失。所以，企業經營者要跳出自己的小圈子，從市場的角度來考慮問題。這樣，才有可能發現極具市場前景的商機。

二、**收集足夠的市場訊息**

任何決策的背後都需要有事實和數據作為支撐，否則無法確認你的決策是否正確。在獲取大量的數據後，要進行認真的分析，找出最適合行動的時間，把握時機，一舉成功。

三、**行動迅速**

兵貴神速，遲緩、猶豫都會使商機稍縱即逝。所以在確定商機之後，創業者千萬不能猶豫，這是創業者要獲得成功的必備要素，即「決策之前慎之又慎，決策之後堅決果斷」。在商海遨遊中，創業者切忌優柔寡斷；否則會因此人心渙散，而且大好的商機也會稍縱即逝。

好想好想自己當老闆
—教你開一家會賺錢的公司
How to Become a Boss

創業鐵律九

無力把握的機會都是假的

在商場上會錯過各種各樣的機會，我們往往會為這些機會的錯失而懊悔不已。但是，人們總是將精力集中在錯過的機會上，而不懂得去關注自己得到的機會。老天是公平的，不可能把所有的好機會、好運氣都給你一個人。因此，不要為錯失的機會而懊悔，應該吸取教訓，著眼於未來，積極地為下一個機會做好準備。

一個人坐在輪船的甲板上看報紙。突然一陣大風，把他新買的帽子刮落大海，只見他用手摸了一下頭，看看正在飄落的帽子，又繼續看起報紙來。

身旁另一個人大惑不解：「先生，你的帽子被刮入大海裡了！」

「知道了，謝謝。」他仍繼續讀報。

「那帽子值幾十美元呢。」

「是的，我正在考慮該怎樣省錢再去買一頂呢。帽子丟了，我很心疼，可是撿得回來嗎？」說完那人又繼續看起報紙來。

的確，失去的已經失去，何必為之大驚小怪或耿耿於懷呢？混跡商海，許多人都有過錯失良機的經歷，這些大都會在我們的心理投下陰影，有時甚至因此而備受折磨。究其原因，就是我們沒有調整心態去面對失去，沒有從心理上承認失去。事實上，與其為已失去的懊悔，不如考慮重新振作，重新開始去贏得新的機會。

在這個世界上，人們難免會有失策或愚蠢的行為，那又能怎麼樣呢？誰都會犯錯的，拿破崙參加的所有戰役中有三分之二是被打敗的，也許你的平均勝戰率比拿破崙還高呢！

或許你不小心打翻了一杯很好的牛奶，第一時間裡，你會自責不已，但請記住：不要為打翻的牛奶哭泣。牛奶打翻在地已是既成事實，即使你再怎麼哭泣，也於事無補。它不會吝惜你的眼淚，也不會被你所感動。你只有調整心態，面對現實，正視它，吸取教訓，爭取再擁有一杯更純、更好的牛奶。

勵志大師戴爾·卡耐基事業剛起步時，在密蘇里州舉辦了一個成人教育班，並且陸續在各大城市開設了分部。他在宣傳廣告上花了很多錢，同時房租、日常辦公等開銷也很大，儘管收入不少，但過了一段時間後，他發現自己連一分錢都沒有賺到。由於財務管理上的欠缺，他的收入竟然剛好夠支出而已，一連數月的辛苦，竟然沒有回報。

卡耐基很是苦惱，不斷地抱怨自己的大意。這種狀態持續了很長一段時間，他整日悶悶不樂，神情恍惚，幾乎無法將剛起步的事業繼續經營下去。

最後卡耐基去找中學時的生物老師喬治·詹森。

「不要為打翻的牛奶哭泣。」

聰明人一點就透，老師的這一句話如醍醐灌頂，卡耐基的苦惱頓時消失，精神也振作起來。

「是的，牛奶被打翻了，漏光了，怎麼辦？是看著被打翻的牛奶哭泣，還是去做點別的。記住，被打翻的牛奶已成事實，不可能被重新裝回瓶中，我們唯一能做的，就是找出教訓，然後忘掉這些不愉快。」

商業活動中，每個商人都會面臨失敗的考驗，成功者也會失敗，但他們之所以成功，很大程度上在於他們不會坐在那裡為他們的損失而哀歎，情願去尋找辦法來彌補他們的損失。而失敗者則不然，他們失敗之後，並非積極地從失敗中總結教訓，而是一蹶不振，始終生活在失敗的陰影裡。他們可能也會總結，但他們的總結只限於曾經失敗的事情：「我當初要是不那麼做就好了」，「要是開始時我如何做就不會失敗了」，他們總是會找出種種藉口，為自己的過錯開脫責任。

王永慶在成功之前曾遭遇過種種挫折，當別人問起他是如何走過艱難的時候，他回憶起了這樣一段往事。

一九四〇年代，台灣的物資極其匱乏，糧食也極少，就連種糧食的農村也嚴重缺糧。人都吃不飽了，當然也沒有剩餘的食物和雜糧去飼養雞、鴨、鵝等家禽。人們只好讓牠們在野外自己找尋食物，吃野菜和野草。

那時，鵝是當地常見的家禽。一般說來，鵝在正常餵食之下長得很快，大約四個月就有兩三公斤重。可是由於沒有足夠的飼料餵養，鵝只能吃野菜和野草，不到四個月就已經瘦得皮包骨，每隻大概只有一公斤。

看到這些賣不出去的鵝，精明的王永慶心中盤算著：「一公斤重的鵝毫無用處，假如我能設法找到鵝飼料的話，養鵝的難題必定迎刃而解。」

於是，他馬上想方設法去尋找可以餵養鵝的飼料。根據他的觀察與分析，當時農村採收高麗菜之後，都會把菜根和外面一兩層的粗葉子丟棄在菜園裡，而這些被丟掉的菜根和粗葉，正可以當做鵝的飼料，可是那些養鵝的人沒有發現這一點。

想到這一點，王永慶便開始四處搜尋菜根和粗葉。人手不夠，他還專門雇人去四處的菜園子撿拾菜葉。後來，他又發現當地的碾米廠有廉價的碎米和稻殼可以買，把菜根和粗葉切碎，再混入碎米與稻殼，就製成了絕佳的鵝飼料。

飼料有了，鵝就更不是問題了，因為不到一公斤重的瘦鵝到處都有，根本沒人要。養鵝的人見瘦鵝竟有人收購，正求之不得！王永慶沒用多少時間就收購了很多瘦鵝。

最後，他把四處收購來的瘦鵝集中起來，並用自製的飼料餵食。這些瘦鵝飽受饑餓的折磨，一看到食物就拼命吞食，一直到喉嚨塞滿了飼料才暫時停下來，直到幾個小時之後，鵝胃裡的食物消化完畢，立刻又狼吞虎嚥起來。因為瘦鵝具有強韌的生命力，不但胃口奇佳，而且消化力特強，所以只要有食物吃，立刻就肥大起來了。

每天如此周而復始，原本不到一公斤重的瘦鵝，經過兩個月的飼養之後，重量高達三四公斤，非常肥大。

這些飼養瘦鵝的寶貴經驗，讓王永慶深深體悟到，任何人在遇到苦難時，都要學習瘦鵝，像他們一樣忍饑耐餓，鍛煉自己的忍耐力，培養毅力，等待機會到來。只要餓不死，一旦機會到來，就會像瘦鵝一樣，迅速地強壯肥大起來。

一九七五年一月九日，王永慶在接受美國聖若望大學贈授榮譽博士學位的典禮上，說了一段發人深省的話。他說：「我幼時無力進學，長大時必須做工謀生，也沒有機會接受正式教育，像我這樣一個身無專長的人，永遠感覺只有刻苦耐勞才能彌補不足。」

從這一段話裡，可以知道王永慶失去了很多成功機會，但他刻苦耐勞，一直等待著自己的機會。世界上為何有人成功，有人失敗？關鍵之一就在能否刻苦耐勞。其實每個人的聰明才智都相差無幾，凡事只有下苦功才會有好結果。就像王永慶所說：「追求舒適與快樂的代價，就是刻苦耐勞。」擁有這種信念的管理者，即便身處困境，也不會消沉，反而困難越多，越能激發他更強韌的生命力。

對創業者而言，社會上存在著各種各樣所謂的機會，而很多已經超出了我們能力所能把握的範圍。這些我們無力把握的機會，實際上都不是真正的機會，我們不應為錯過而感到懊悔，更不應在上面耗費精力。

我們常會聽到一些感歎，說原來哪個機會很好，當時自己也發現了，就是沒有去把握，現在後悔得不得了。事實上，這樣的嘆息大可不必，創業者們應該注意：失去的或者不能把握的機會，都是虛假的機會。

創業鐵律十

只要能夠準確把握發展趨勢，就能提前卡位

人們常說「一步領先，步步領先；一步落後，步步落後」，因此，「提前卡位」對於專案運行速度就顯得極為重要了。因此，當你要做決策時，千萬不要草率行事。具有高遠的眼光，善於把握風雲變幻的市場，比別人看得更高、更遠、更準，這樣做出的決策才可能切合市場發展的需要，達到決勝於千里的目的。

掌握趨勢就是掌握未來，掌握發展的機會。當一種趨勢的苗頭初現時，能夠把握這種趨勢的，就是真英雄。

伴隨著全球化技術革命的發展和網路時代的到來，企業也不再僅僅是針對

市場需求做出「快速反應」就夠了。在做好今天的同時，企業更需要關注未來的發展、領導者更要有基於前瞻性的策略眼光。領先市場需求一小步，就是對企業貢獻的一大步。

世界「假日飯店之父」、美國巨富威爾遜在創業初期，全部家當只有一台分期付款賒來的爆米花機，價值五十美元。第一次世界大戰結束時，威爾遜做生意賺了點錢，便決定從事炒地皮生意。當時從事這一行的人並不多，戰後人們都很窮，買地皮修房子、建商店、蓋廠房的人很少，因此地皮的價格一直很低。

一些朋友聽說威爾遜要進入這不賺錢的買賣，都來勸阻他。但威爾遜卻堅持己見，他認為這些人的目光太短淺。雖然連年的戰爭使美國的經濟衰退，但美國是戰勝國，經濟很快就會復甦，地皮的價格一定會日益上漲，賺錢一定沒有問題。威爾遜用自己的全部資金，再加一部分貸款買下了市郊一塊很大的地皮。這塊地由於地勢低窪，既不適宜耕種，也不適宜蓋房子，所以一直無人問津。可是威爾遜親自去看了兩次之後，便決定買下那塊雜草叢生的荒涼之地。

這一次，連很少過問生意的母親和妻子都出面干涉。可是威爾遜卻認為，美國經濟會很快繁榮起來，城市人口會越來越多，市區也將不斷擴大，他買下的這塊地皮一定會成為「黃金寶地」。

事實正如威爾遜所料，三年之後，城市人口劇增，市區迅速發展，馬路一直修到了威爾遜那塊地旁。人們這才突然發現，這裡的風景實在迷人，寬闊的密西西比河從它旁邊蜿蜒而過，大河兩岸，楊柳成蔭，是人們涼夏避暑的好去處。於是，這塊地皮身價倍增。許多商人都爭相出高價購買。但威爾遜並不急於脫手，真是叫人捉摸不透。

原來，威爾遜決定自己籌措資金開旅店。不久，威爾遜便蓋了一座汽車旅館，取名為「假日飯店」。假日飯店由於地理位置好、舒適方便，開業後，遊客盈門，生意興隆。從那以後，威爾遜的假日飯店便像雨後春筍般出現在美國與世界各地，威爾遜獲得了巨大的成功。

威爾遜自己何嘗不知道這塊地皮的身價，不過他看得更高、更遠：此地風景宜人，必將招來越來越多的遊客，如果在這裡開家旅店，豈不比賣地皮更賺錢？

一個成功的商人絕不會輕易做出一項決策。在商品經濟時代，能登高望遠，對形勢的發展有一定的眼光，在商業活動中才能占盡先機，獲得的實惠便可以領先別人百步。一個成功的商人不會死咬著一個目標不放，因為他看得到更高更遠的目標。真正的富人總是會審時度勢地調整目標。

新一代的思想，舊一代的轉變，你不能永遠讓產品停留在某一個階段。越是領先，空間就越大，越是擠在擁擠的人流大潮中，空間就越小，生活的道理本來就如此簡單。很多人會選擇用「傳奇」這兩個字來形容朱志平。

朱志平的商海歷程以及他的財富累積過程的確是個傳奇。但是熟悉他的人，則認為他的傳奇在於他能不斷捨棄原有的基業，全身而退後，轉而再去開創新的天地，而且能在不同的領域裡做個常勝將軍。朱志平出身草根，當他放棄了穩定工作，毅然辭職投身商海、創立了他的第一家公司——華泰製衣時，他的全部資產只有四百元人民幣。

其實，朱志平看似衝動的行為背後，有著深刻的思考。當時家家戶戶都離不開衣食住行，所以服裝行業市場需求量大、成本低，只要能做出物美價廉的產品，放棄鐵飯碗就不會是一次冒險。事實證明他的分析沒有錯，寧波的銷售市場很快被打開了，三年內他的資產增至上百萬元。

隨後，朱志平放棄了正在穩步發展的華泰製衣，以初學者的身份踏入股市。與很多人不同，朱志平一直相信成功不能靠僥倖。於是他開始大量的學習。天道酬勤，僅一年後他就成為杭州最早的股評家之一；十年間，他的財富增至幾億。

但是，出乎所有人意料，在獲得巨大成功時，朱志平再次抽身而退。憑藉令人吃驚的市場洞察力，在離開股市之前，朱志平就選擇了房市作為自己下一步的發展方向。二〇〇〇年，朱志平成立了浙江同方投資集團有限公司，他堅持品牌開發、實力開發、信譽開發，致力為城市的發展和延續盡自己的一份力量。現在同方聯合控股公司已經具有二級開發資質，成為一家以房地產開發為主，建築材料銷售、物業管理為輔的現代企業。

二〇一〇年，朱志平因轉戰商場十六年，連戰連捷，使得人們佩服他把握經濟浪潮的能力。在總結多年的發展歷程和成功經驗時朱志平說：「對於企業而言，最重要的並不是規模，而是抓住機遇的能力。」

正是基於領先市場一步的理念，每當朱志平看到一個行業的發展潛力時，就會盡全力抓住時機，他毫無疑問地成了成功的弄潮人。

很多專案未來的發展前景雖然的確非常好，但等到成為大熱門的時候你再去運作，就為時已晚了。因此對此類專案，我們需要提前卡位，儘管這樣做在頭幾年內會出現較大虧損，但只要數額可控，還是值得去實施的。

不少創業者，總熱衷於追逐熱點，看別人現在幹什麼賺錢就去幹什麼，看哪裡是熱門區域就往哪裡跑。但上天總喜歡捉弄人，明明看起來不錯的機會，好不容易削尖腦袋擠了進去，卻又因為剛剛起步競爭不過對手，有時候甚至擠都擠不進去。其實，事物發展總是有其脈絡和趨勢可循，在機會真正來臨之前，多多少少會有一些預兆，如果我們認真去觀察，還是能夠從一些蛛絲馬跡中感受得到。如果我們在準確把握發展趨勢的基礎上，能夠在別人還未行動甚至是渾然未覺之時出手，就能提前卡位、佔盡先機；等到別人發現熱門之後再行進去，我們早已經牢牢站穩腳跟，外人再難與我們相抗衡。當然，這樣操作也會帶來一些負面效應，那就是先期介入的幾年內，需要承受沒有營利或者利潤很少的痛苦，對資金實力和個人毅力都是很大的考驗。

事實上，只要我們抓住特定人群，不斷研究他們的需求演變方向以及變化的時間節點，大多數創業者是不難找到比較理想的專案的，如果在此基礎上能夠實現「提前卡位」，我們能夠觸及的財富，就如滔滔江水綿綿不絕。令人非常遺憾的是，大多數創業者根本不會按照這個邏輯去琢磨市場，他們需要的是「短、平、快」，需要的是迅速致富，因此更多人總是去追逐熱點，認為這樣錢才賺得快。

運作專案很多時候就跟炒股一樣，當你看到那是個大熱門的時候再去動手，往往已經晚了。追逐熱點，最後失敗的機率高達百分之九十以上。真正的高手，都是在漲停來臨之前悄悄建倉的。運作專案與炒股不同的是，絕大多數專案都存在導入期，如果你提前卡位，當該領域真正熱門的時候，你的導入期也結束了，便能夠直接借助東風直攻曹營。但倘若當你看到某個產業現在十分火紅，很想進入，等到你諸多條件準備妥當，正要大展宏圖之際，整個領域可能已經開始大幅降溫了。

提前卡位和先期介入策略，本身並沒有是非對錯，但其實施的前提是要對發展趨勢和時間節點有著較為準確的把握。對發展趨勢判斷失誤造成的危害，我們自不待言；但即使對趨勢判斷準確，而在時間節點上出現了重大失誤，或者太過靠前，或者過於滯後，都會為專案運作帶來巨大挫折。比如，某類案子本來二十年之後才會變得熱門，但你判斷為五年，於是你在兩年後開始籌備，最終消耗在這個上面的時間就要長達十八年之久。這就意味著十八年內不會真正營利，需要苦苦撐著，期間的痛苦和代價可想而知。也許有人感覺這個難度太大了，非常人所能把握。但是，市場對創業者的要求本來就遠遠超過了普通人，所以我們必須要求自己有提前卡位的前瞻性。

好想好想自己當老闆
—教你開一家會賺錢的公司
How to Become a Boss

創業鐵律十一

小資本創業，必須跨過同質化這道門檻

對很多創業者而言，同質化是難以繞過的門檻。既然產品與別人沒有太大的差別，成本方面若不佔優勢，自己又起步較晚，如何在此基礎上實現差異化?讓客戶識別和認同我們，是新老闆們必須面對的重要課題。

在產能過剩的今天，隨著競爭的加劇及技術的日新月異，產品的同質化日益變成了一種常態。因此，如何在幾乎「長著同一張臉」的產品之林中「木秀於林」，就成了眾多企業人士苦苦思索的永恆課題。

換言之，大多數創業者所從事的領域，其實都已經存在著很多運營成熟的競爭者。在目前比較成熟的市場環境下，無論是產品也好，還是服務也好，要

想從根本上做到差異化，都非常困難，現在的環境，早已是一個同質化嚴重的時代，實際上，這一現象不光困惑著草根創業者，很多跨國公司也面臨著產品嚴重同質化的問題，而他們往往是藉由強化某一方面的概念，或者是創建新的組合來解決這一問題。

就拿汽車發動機油產品來說，事實上都具有潤滑、密封、抗磨、清洗、耐高溫和抗凍等功能。但如果同時介紹出所有的功能，一來暴露出產品同質化的弊端，難以有效突出自己產品的特色；二來所傳遞的資訊太多，也會導致消費大眾難以記住。因此那些大品牌都會從中選擇一個特性來強化和放大，以作為自己區別於競爭品牌的鮮明特色，並由此來實現產品的「差異化」競爭。

在這種思路的指導下，殼牌潤滑油決定著重產品的清潔和清洗功能，與目標客群所有的溝通，都是從這個基礎上展開。雖然許多年以來，其具體的傳播訴求已經發生了相當大的變化，但所要表達的這項功能卻一直沒有改變。而嘉實多潤滑油則更加強調他們產品的良好啟動性能，一句「未啟動，先保護」足以讓目標客群記住他們的產品「個性」。

洗髮精同樣也是同質化程度很高的產品。飛柔的賣點是髮絲柔順，海倫仙度絲的賣點是去頭皮屑，潘婷的賣點是修護秀髮，還有很多消費者不斷去用個人體驗來論證這種訴求的正確性。而事實上，幾乎所有大品牌洗髮精都同時具有這幾種功能，只是你接受了廣告的宣傳和心理暗示之後，會更願意從他們所說的角度去體驗這種功效。

同質化現象在流通企業可能表現得更為突出。像家樂福、沃爾瑪這些超大賣場，在產品種類和所涉品牌方面並沒有太大區別，甚至可以說根本一樣。唯一不同的是各大城市的網路分佈密度、店面所處地段以及產品排列組合方式，並由此帶來了不同類型消費者和不同的商家偏好。

在目前市場上，也存在許多知名品牌，其所經營的產品實際上同時含有五六種不同的功能，但他們為了顯示自己的專業化，並強調產品細分群體的獨享性，而將同一產品細分成五六種包裝，按照不同的產品線進行銷售，而且相互間還存在著較大的價格差異。這一方式看似沒有技術含量，將簡單問題複雜化，但從市場反應情況來看，銷售效果卻遠遠高於產品單一包裝模式。

以上談的都是非常簡單、易行和常見的技巧，這些大公司早已玩得非常熟練，對創業者來說更為實用，可以解決專案定位過程中的很多困惑，彌補由於研發和創新不足而帶來的劣勢。比如同樣是酒精類產品，就首先細分出一個玻璃清潔產品，強調是擦玻璃專用的；有人又在此基礎上開發了家庭專用和汽車專用兩大類別；還有人將汽車用產品進一步細分為去柏油、防靜電、防塵土和冬季專用等幾個種類。每一次概念上的細分，都為新進入產業者開闢了一片天地，也都會產生一個相對優勢的品牌。事實上，無論概念如何炒作和細分，這些產品的本質都是乙醇和水的混合溶液，都具有清除柏油、防電防塵、防寒抗凍的功能。說白了，用一瓶價格很低的白酒去擦玻璃，也可以有同樣的效果。

這種所謂的創新無非是概念上的創新，這種差異化實際上更多的還是概念上的差異化。儘管產品本身並沒有實質性的創新，但總歸為創新者提供了立足之地。

在產品本身同質化嚴重的情況下，還可以藉由包裝規格上的變化，來實現消費者認知上的差異。比如在食品和飲料領域常針對兒童這一消費群體設置小包裝產品，並加上適當的卡通圖案，藉此來打造兒童專享品牌的概念，速食麵、果汁飲料、麵包、果乾、豌豆、花生都比較適合這麼做。

一位小學老師經過仔細觀察，發現了一個小小的秘密，廠商承包學校食堂，為學生打的飯量比較大，大多數人根本吃不完，每頓飯都會剩很多，日久就造成了巨大的浪費。而這些承包商受傳統思維影響，認為做學生的生意就應該價低量大，而忘了考慮小學生這個群體的實際情況。於是這位老師突發奇想，認為將飯量改小，將盒子改成各種時尚的卡通圖案和造型，一定好賣，並決定投資運作這個專案。結果案子一提出，生意就好得不得了，即使以高於市價百分之二十的價格去銷售，還是大受歡迎。

通過產品組合進行創新，藉以打破同質化困局的例子在我們周圍也比較常見。譬如將常用的幾種廚具做成幾種不同組合的套裝進行銷售；將尺碼不同的服裝組合在一起開發成情侶裝或親子裝進行推廣；將電熱水壺、茶壺和茶杯組合成套裝進行推廣；再如亞馬遜將盜墓系列的圖書組合在一起以專案特價進行銷售。

作為創業者，最為重要的不是抱怨，而是考慮在現有的框架和條件下，如何最大程度規避不利因素，對現有資源進行整合、變型和提煉；還有在實質沒有發生多大變化的基礎上，與現有市場主體展開差異化競爭，為自己爭得一席之地。其實，只要多些「藍海思維」，多一些創意和創舉，我們同樣可以從慘澹的紅海中全身而退，成功實施「同質化突圍」。

「同質化突圍」，就是開闢出一條有自己特色的路，讓自己長著一張不一樣的臉，在眾多的產品中可以一眼就認出來。

美國商業銀行就走出了一條「同質化突圍」的蹊徑。

當其他銀行紛紛擴充產品線、提高利率吸引客戶時，它卻把自己定位成「全美最便利的銀行」。全年三百六十五天日夜無休；排隊等候時，你可以順便辦一張現金卡；在雨天，銀行服務人員會撐著傘把你送到車上；銀行免費提供咖啡和報紙，並在大多數分行設有免費使用的硬幣清點機，頗受儲戶歡迎。因此儘管產品選擇有限，儲蓄利率也是同業最低，但顧客仍然趨之若鶩，因而二〇〇四年淨增新開個人帳戶六十萬，而且成長驚人。一九九九至二〇〇四年間，分行從一百二十家增加到三百一十九家；存款額從五十六億飆升到兩百七十七億美元；貸款也從三十億增加到九十四億美元。

將視角從傳統的領域移開，向旁邊看一看，往往就可以看到一片新的天地。美國商業銀行之所以能夠異軍突起，就是因為它所選擇的定位與眾不同，自然也就決定了它所走的路線與眾不同，獨特的風格與吸引人的優質服務，自然成為它獨佔鰲頭的殺手。

「同質化突圍」，關鍵在於看準自己的定位，樹立自己獨特的特點，並在這個不同於別人的特點上下足工夫。工夫下到家了，開闢「同質化突圍」的工程自然也就成功了。

創始初期的IBM只是一家生產打孔機的小企業。

一九五二年二月，IBM內部從事研製電子資料處理系統的有關人員只有八十五人。那時IBM最高決策者和第一線的專家們都認為，公司最初生產的兩種電腦若能賣出五台就滿足市場上的需求了。只有總經理小湯瑪斯・沃森不顧其他經理的勸阻，堅持轉向電子資料處理系統。小沃森反覆勸導他們，使他們與自己站在同一戰線上，並力主由穿孔卡片系統轉向電子資料處理系統。

轉入電腦產業後，IBM覺察到美國政府將要實行的新政策將會引起辦公室的自動化革命，於是小沃森決定改進霍勒利斯統計會計機，為此不惜投入大量的研製費用，在經濟不景氣時期發瘋似的擴大生產。結果，當美國政府實行新政策，隨著事務工作量的激增而需要機器處理時，市場上只有IBM能夠提供充足高效能的機器，IBM因此取得了巨大的成功。

經濟環境一變再變，企業想要掌握商機、追求最大獲利目標，就要靠釋放全體組織，加強對內對外的協調聯繫、分工合作，讓運作系統更有活力。也就是說，讓每個員工用新的工作態度，用誠意交談、溝通，交換創新的點子，使企業的每個環節動起來，活力四射。

在領導者具有強烈的創新意識、員工的觀念也有所創新之後，那麼實現組織最終的創新，還需要一個環節——技術的創新。對生產效率和產品品質的要求不斷增加，使得技術上的創造和革新成為必然。

目前許多企業缺乏創新文化，很大一部分原因是經營者對創新和自身位置的不確定。實際上，經營者是應該要有一點創業精神的，用宏觀的思維來思考問題，往往能夠產生新的觀念，為自己帶來收益的同時，也可以為企業創造價值。

想要具有創業精神，我們必須主動運用知識，而不光是被動地接收資訊。我們不能再像過去的資訊傳送員一樣，把收到的資訊放一陣子再送出去。我們必須具備並利用工具與技能來掌控、分析及運用資訊，以增進它的價值，靠它來協助顧客、改善營運，以及探索新契機。

只要具有創業精神，便決定了我們在創新的過程中要與他人密切合作，營造以團隊為主體的靈活環境。我們要學會尊重不同的意見，當自己的主張被他人否定時，也要有從容面對的能力。觀念的衝突可以激發出創新的火花，而且當這類火花出現時，不管它是從何而來，優秀的經營者都應該感到很高興。不過，我們當然也必須懂得如何評估這些想法，因為並不是意見箱中的每個點子都有辦法創造出價值，這些都是具有創業精神的經營者所應該做到的。

創業鐵律十二

全心全意地去做自己熟悉的行業

你需要一心一意、全心全意地去做你熟悉、你懂的行業，千萬不要人云亦云，盲目跟風，不要好高騖遠，也不要打一槍換一個地方。如果能做到這一點，你創業就很可能會賺到錢。否則，你只有站著看的份，弄不好賠了夫人又折兵。

不同的行業有不同的特點，正所謂隔行如隔山，每個行業都有其獨特的規律。剛進入創業階段的時候，來到一個不熟悉的領域，就如同進入一片沒有道路的森林，很容易失去方向感不知從何做起。剛剛起步的創業者在很多方面都經驗不足，如果又選擇了不熟悉的產品，無疑為自己製造了巨大的障礙。創業者最好不要做自己不熟悉的生意。

流行的產品總是不斷推陳出新的，跟隨流行提供產品的方法雖然不能全盤否定，但風險卻是顯而易見的。產品盲目追趕流行，不但不見得好賣，甚至還會替小店帶來危機。所謂「流行」的產品，必定週期很短，能夠長期持續銷售的都是「經典」而非「流行」。如果看到市面上某種產品特別好賣，就急著引進，等到真正開始販賣的時候也許這種產品已經過了流行，開始走下坡了。不管產品怎麼趕流行，最終抓到的只是流行的餘波，而不是浪頭。除非有足夠的經驗和實力，能夠引導流行的趨勢，否則對於剛起步的創業者，經營最熟悉的領域才是正確的策略。

小本經營者，尤其是在創業時期，探索自己的喜好和熟悉的領域非常重要。現在很多大學生選擇了自主創業，但是由於初入社會，商業知識和社會經驗都比較缺乏，對於自己要從事的創業領域都很茫然，不知道到底該做什麼。其實無論是什麼背景的人，創業最好要從自己最熟悉的行業開始，進入熟悉的行業就不用在一個陌生的領域從頭學起，畢竟在不熟悉的領域「交學費」在所難免，剛起步的小商店是經不起這樣的折騰的。

在競爭如此激烈的社會中，就算是行家，想要取得成功也並不是那麼容易的。在任何一個行業中，內行人的錢很難賺，基本上都是內行賺外行的錢。任何生意都有風險，然而初涉商場的小本經營者如果選擇了不熟悉的生意，風險就更大了。對於不熟悉的生意，優點在哪裡，缺點在哪裡，什麼地方該注意什麼問題，通通一無所知。因此在與供應商交流的時候很容易被誤導，花高價買了便宜貨。

要想在一個行業獲利，首先要對這個行業熟悉，如果是外行就要先變成內行。做生意要有長遠的打算和規劃，任何專案、任何行業都不是三天兩天可以摸透的，如果把一個行業想得太簡單是無法從中淘到金的。相關的行業經驗非常重要，如果你對某個領域不熟悉，無論看到別人賺多少錢都不要眼紅盲目跟風，到頭來可能成為別人的墊腳石。

林先生在一家電腦公司擔任銷售業務，工作壓力比較大，一直希望能夠自己開店。正好一個朋友的店鋪出讓，他就接手開了家咖啡廳。林先生覺得產品基本上都是一樣的，沒有太大的差異，能夠賣得好是因為銷售人員做得好，產品才會賣得好。

於是在咖啡廳的產品研發方面，他並沒有投入太多資金和精力，只是將工作交給新來的廚師，自己的心思則全部花在招攬顧客上。然而咖啡廳賣的畢竟不是開水一沖就好了的即溶咖啡，當顧客抱怨咖啡的口感不好，點心也不對味時，對於咖啡的品種，如何研磨、沖泡都一竅不通林先生，根本無法進行任何改善。開店初期的顧客主要都是以前的合作夥伴和朋友，等到時間一久，等不到新的客源，營業額便連支付房租都不夠了。訂購原料時還被矇騙，花了優質咖啡豆的錢拿到的卻是劣質咖啡豆，損失慘重。朋友提醒他，你原來不是賣電腦的嗎，為什麼要做咖啡呢？一語點醒了林先生，他立刻將店鋪進行改裝，與以前合作過的生意夥伴聯繫訂購等事宜，專門經營電腦及周邊產品。生意這才逐漸開始好轉，轉虧為盈。

如果在學校裡對一個領域不熟悉，那僅僅是不懂而已，並沒有什麼嚴重的後果，但若是在生意場上，就意味著血本無歸了。每個行業都有自己的核心內容，如果不熟悉就掌握不了這些技巧，也使店面喪失了基本生存條件，無法具備充足的競爭力。「不熟」就意味著在同業競爭中處於劣勢，所以不管做哪一行，一定要堅持不熟不做的原則。

小本經營本身就是以收益為第一考量的，如果對某一類生意熟悉，在做的過程中遇到問題時，就能自己解決，省去諮詢別人的成本和風險，還能精準地預測以後的市場行情走勢。同時熟悉也意味著在該行業已有一定的人際網路，在生意往來和客源方面也有一定的基礎和保障。開店若想在穩健中求發展，在做任何一項投資前都要仔細做好研究，自己沒有瞭解透、想明白前不要倉促決策。很多人在網路上開店賣服裝生意很好，便想當然地認為自己絕對有實力做服裝生意，但是等真正開起了實體服裝店，才發現自己什麼都不懂，尺碼到底怎麼劃分，當下的流行款式是哪些都不瞭解，怎麼可能賺得到錢呢。

還是那句話，生意本身是不分好壞的，只有適不適合，不熟悉的就不適合做。但如果把不做不熟悉的生意理解為墨守成規、不懂得創新，那就錯了。在一個行業熟悉了之後，就能掌握規律和要領，對其他類似的相關行業，也就有了變通的基礎。小本經營就是要在熟悉的基礎上，慢慢將不熟悉變為熟悉。無論選擇哪種行業創業，都要控制風險，投入資金不要超過自己能承受的範圍。進入一個新的行業前，要經過詳細的市場調查，看看在自己熟悉的基礎上能夠應用的比例有多高，完全生疏的行業是決不能涉足的。

比如著名的賓士汽車公司，就是由世界上最早的兩家汽車生產商在自身的基礎上合作發展而成的，正是因為在熟悉領域深入發展，才造就了賓士汽車的輝煌成果。再如比爾．蓋茨，作為資訊業的巨頭，無論是在車庫裡辦公的小公司還是今天影響廣泛的微軟公司，他從未涉足其他不熟悉的領域，而是不斷在自己熟悉的領域取得更大的發展。

因此創業者最好從自己熟悉的行業做起。因為你對這個行業的資金周轉率、應收帳款情況、固定設備和流動資產投資額，對投資效益如何、最大費用在哪裡，都有一個比較完整清晰的認識，對可能遇到的問題風險都有一定準備，能少走許多冤枉路。選擇熟悉的行業來創業，能有效規避風險，節省時間，減少行業的間距，有利於橫向發展。有很多人覺得自己店鋪經營不善是因為運氣不好，事實上多半是因為離開了自己所熟悉的領域，轉而涉足那些熱門的、流行的領域，想要「一夜致富」，那是很不實際的想法。在資本不夠充裕，實力也不雄厚的時候，不要去盲目追趕流行，開發新的領域。流行的產品都要經過一定的磨合期，並且要花費大量的人力、物力、金錢，而市場的佔有率如何也是未知的，不是所有人都能承擔這樣的風險。從最熟悉的領域入手，往往較容易事半功倍。

許先生原來在一個箱包配件公司做銷售，在累積了一定的資金和人脈後，他選擇了箱包配件這一熟悉的行業創業。做了一段時間的代工之後，逐漸掌握了製作完整箱包的能力，於是便慢慢開始加工完整的箱包。在佔據了一定份額的市場，擁有了知名度之後，許先生開始擴大生產，聘請設計師成立自己的品牌。現在許先生的箱包品牌在消費者和業內人士中都享有美譽，銷量大大增加。

所以，對於想要創業開店，又希望有所把握的話，就要儘量選擇最熟悉的行業，發揮個人的優勢，不要光憑想像覺得哪個行業流行就選擇哪個行業。能將所學專業與市場縫隙相契合，創業的成功率肯定會高一些。如果是剛畢業的大學生，可以儘量從自己的專長著手，這並不僅僅是指學校所學的專業，也包括個人的興趣愛好。

比如你是一個球迷，就可以考慮開個球迷精品店，如果是個電玩愛好者，電玩店就是不錯的選擇。如果暫時找不到市場和專長的結合點，也可以先培養相關行業的興趣，將不熟悉變為熟悉。如果是有一定工作經驗的人，可以從老本行開始發展，比如做推銷的，就不要冒險做教育，可以從產品代理做起；如果曾經是個廚師，就不要輕易放棄專業涉足美容行業，繼續發展餐飲業才是明智的選擇。最好從小開始就找準切入點，這樣才更容易成功。這個原則，對於已經有一定經驗的商店也同樣受用。

有一家手工定制服裝店，在大量生產的成衣充斥市面的時代，店主一直堅持手工製作，每一件衣服都量身定做獨一無二。然而由於製作時間長，價格又比市面上的服裝昂貴許多，銷量一直不好，店主開始懷疑難道非得要賣知名度高、大量生產的成衣，生意才能做得下去？但是由於獨特設計是自己的專長，店主並沒有輕易放棄。這家店決定定期印製服裝設計目錄，內容包括設計的效果圖，並闡述設計理念和製作過程。慢慢的，那些追求個性與品質的顧客對這家店的關注多了起來，生意也有了轉機。

如果這位店主放棄了自己熟悉的設計領域，而貿然轉向不熟悉的知名品牌代理領域，既違背了自己的心意，也不能保證店鋪生意好轉。不盲目追隨流行，堅持將自己熟悉的做到最好，甚至自己來創造流行——每個經營者至少都要擁有這點志向！

總的來說，想要創業賺錢的關鍵，就在於對這個行業的熟悉程度。如果對某個行業比較熟悉，瞭解它的規律，具備比較成熟的業務關係和啟動資金，那麼創業的成功幾率也會大大增加。

創業鐵律十三

抱「大腿」也是邁出創業生涯第一步的辦法之一

如果自知實力較小，沒有比較完整和系統的資源累積，不妨通過借力，與大企業或者政府部門配套，外包他們一部分業務，來邁出創業生涯的第一步。儘管這樣做存在大量弊端，會對長遠發展造成影響，但畢竟可以幫助我們實現從無到有的重大轉變。

「好風憑藉力，送我上青雲」，聰明的商人都知道「借勢」的妙處。如果看準了大勢，但自身的力量太單薄，這個時候就需要「借勢」。即所謂的「狐假虎威」，也就是說勢單力薄的狐狸要靠老虎來壯大自己的聲勢，謀得發展。

溫州商人就非常懂得借勢的道理。說起來，溫州許多企業過去都是先替別人加工或是代工生產，等到有了一定的累積之後，才開始打造自己的品牌，繼而慢慢地做大。

成立於二〇〇一年的上海奔騰企業集團原本只是一個小家電企業。僅僅花了三、四年的時間，在二〇〇四年就實現了銷售額近五億元的成果。對於這匹迅速成長的黑馬，許多人都想知道它成功的秘訣。

其實，上海奔騰企業集團的前身只是溫州一個小型的音響和空調代理商，名叫「長江實業」。和許多溫州民營企業一樣，「長江實業」在起步階段，走的就是依託名牌，借船出海，迅速發展壯大的路。

早在一九九三年的時候，「長江實業」的老闆劉建國就開始思考企業如何做大的問題，那時的企業雖然經過幾年的自我累積有所發展，但是劉建國還是感覺單純依靠自身，有些勢單力薄。於是，他想到了借助大型名牌空調機製造商的力量，做一個專業製冷行業的代理商。

當時的長江實業的現狀是：一沒有實力，二沒有關係，三沒有團隊，四沒有管道。無奈之餘，劉建國只好把眼光轉向了當時還沒成名的「美的」和「格力」。為了靠上這兩個「大哥」，劉建國給出的承諾是：第一年的年銷售額比前一年翻一倍，第二年再翻一倍，第三年就成為區域市場佔有率第一。

經過多次的「死纏爛打」，長江終於成為「美的」和「格力」的溫州獨家代理商。

劉建國實現了諾言，在一九九三年就把美的空調由原來每年五百多萬的銷售額做到了五千多萬。之後的三、四年中，長江的銷售代理業務發展得越來越好，已成為浙南地區空調銷售的龍頭，年銷售額達到了一點多億，而美的也自然成為溫州地區甚至浙南地區的龍頭老大。

一九九七年，長江實業更名為奔騰後，又想進一步拓展業務，希望降低風險，怎麼辦？他開始為「美的」生產空調中一個簡單的零件——空調連接管，自此一步步地實現由銷售向生產轉型的目標。長江實業從這條工貿結合的新策略起步，漸漸創辦了自己的工廠，也就是後來的長江空調配件廠。

二〇〇〇年九月，長江家電有限公司與長江空調配件廠合併，組建為浙江長江電子工業有限公司。

接著，劉建國又招兵買馬，短短四個月間，自主開發新型智慧豆漿機成功，新廠房一落成，馬上投入生產，並利用「美的」遍佈全球的銷售網路，迅速將產品推向市場。

二〇〇三年伊始，劉建國在「借牌」上又有新舉措。他想借助大上海這塊金字招牌，在上海成立奔騰實業有限公司，借助大上海這個風水寶地，使自己的事業再上一層樓。

一般來說，第一個推向市場的創新產品或經營模式，就具備了領先創新的競爭優勢，就能成為未來市場的領導者。事實上，第一個進入市場的新產品，不一定就能打開市場或得到優勢長存，後來的跟隨者必將瓜分市場，甚至借助巨人的肩膀獲得更豐厚的利潤。

特別是處於創業之初的中小型企業，在開發新產品中受到資金、技術力量、人才儲備等諸多因素制約，很難獨立開發新產品。即使花很大本錢開發成功，投入市場後也難免存在各式各樣的缺點，結果使得企業處於困境。

事實上，儘管我們有長遠的規劃和宏偉的理想，但路總歸是要一步步走的。千頭萬緒，關鍵還是要邁出第一步，想方設法掘到第一桶金。但第一步往往是最艱難的，我們在創業之前大多數沒有多少經驗累積，即使有也往往集中在某幾個方向上，配套程度較低，不足以支撐功能完整的商業模式，因此專案的導入期會比較長，而且需要較大的資金量作為支撐。

但如果利用自己的獨特優勢，選擇與大型企業或者政府部門合作，就可以比較容易地生存下來，大大縮短了導入期，換句話說，就是省去了在導入期為彌補諸多不足而不得不進行的巨大投入，可以利用賺到的錢去實現滾動發展，進而上升到一個更高的發展層面。

英國著名作家約翰．德萊頓說：「世界上沒有什麼事物是不可以利用的。」荀子也說：「君子生非異也，善假於物也」厚黑者都知道「借勢」的妙處，如果看準了大勢，但是自身力量太單薄，那就會毫不猶豫地借勢。

已故的新加坡首富邱德拔，正是依靠借來的資本白手起家的。邱德拔祖籍福建廈門，他的父親是一位傳統的閩商，敢打敢拼，精明能幹，當時還是多家福建銀行的股東。一九一七年邱德拔出生於新加坡，受到父親經商思維的影響，他從小便立志成為一名成功的商人。

十六年後，少年老成的邱德拔便進入了父親參與創辦的華僑銀行。他在華僑銀行工作了十幾年，因為辦事穩重，工作勤懇而深得老闆賞識，在這個過程中他也逐漸熟悉銀行經營運作的規律和模式。

一九五九年，已經當上銀行副總經理的邱德拔由於自身缺少資金而無法進入董事會。長期以來，邱德拔一直有一種寄人籬下，和為他人作嫁衣的漂泊感，進入董事會受挫的事件促使他終於下定決心辭職，他要開辦一家屬於自己的銀行。

然而，創業面臨的最大困難還是缺乏資金，邱德拔再一次因為「錢」的問題大傷腦筋，但他很快便想到了解決的辦法。邱德拔找到了一位朋友，邀請他出資合夥開辦銀行。開辦銀行的啟動資金是龐大的，所以邱德拔最初非常忐忑。但他又相信朋友一定會答應，因為對雙方來說，這是一個雙贏的合作提案。朋友擁有資金，而邱德拔擁有開辦與管理銀行的經驗、能力與客戶關係，邱德拔的資本對那些有錢而沒有門路的投資者來說具有很強的誘惑力。果然，朋友考慮之後很快便給了邱德拔「同意合作」的答覆。

很多人都畏懼向朋友借錢，對一名商人來說向他人借錢更加困難，一來是因為財富資本是每個商人在商場中站穩腳跟的基石，借給他人就意味著替自己增加了風險，二來則是面子與榮譽問題。

但閩商很少顧慮這些，他們從來都不會忌諱談論自己曾經拉板車、賣花生米、擺地攤的草根身世，並且他們總是有十足的信心能夠讓對方相信對自己投資是一種雙贏合作，而不會形成競爭。所以，一九六〇年邱德拔與朋友合資一千萬林吉特（馬來西亞貨幣，一百林吉特約合二十六點三一美元），在吉隆玻開設了馬來西亞銀行。假如當初他不肯向朋友借錢，那麼就很難有後來的輝煌成就。至一九六六年，馬來西亞銀行旗下擁有一百零八家分行，成為當地著名的大銀行。

閩商大多是白手起家，創業初期很多人都經歷了資金匱乏、消息閉塞的困難。而他們解決這些難題最常用的方法就是「借」。做生意要懂得利用，才得以發展進步。利用他人之錢，學會借力使力，順水推舟，我們可以將此稱作「傍大模式」。事實上，在過去的二十多年中，很多新興企業都是通過這種模式來實現生存、發展和不斷壯大的，比較典型的就有富士康和明基，還有數以千計的服裝、鞋襪、玩具代工企業，以及主流車廠企業，都是靠「傍大模式」

來起家的。

儘管目前不少代工廠家遇到了非常大的問題，但這並不能否定「傍大模式」在創業過程中的有效性。這些遇到問題的企業，都曾靠此實現了生存和發展，只是他們過於沉湎於自己的成功經驗，未能對模式進行調整，實現轉型，沒有把潛在的風險規避掉。

要想與大企業和政府實現合作，就需要創業者在某一方面具有超強的專業素養。與此同時，越專業的東西，潛在的消費群體就越小，因此也難以做強，「傍大模式」當然也難以迴避這一類的問題。

但這個模式起碼可以起到資本原始累積的作用，可以為你選擇其他產業提供資金，並為你在目標領域累積資源提供緩衝，可以視作你財富生涯的階段性成果。

總之，這種「抱大腿」的借勢生存，在本質上就是一種合作，是尋求利益共贏。借勢生存是站在巨人肩膀上發展自己的一種智慧性策略。對千千萬萬的中小企業來說，躲在「大哥」的庇護下，借他們的強大勢力來快速發展自己，是一種智慧，更是一種經營哲學。只要你有靠近他們的自信和勇氣，有獲得他們青睞的創想和能力，「甘當小弟」沒有什麼不可以。

創業鐵律十四

關注國家和地方政策，充分利用政府優惠

對很多創業者來說，關注政策似乎是很枯燥乏味的事，他們忽略了一個重點：如果對政策嗅覺靈敏，就可能從中抓到難得的商機。有心的創業者勤於思考並抓住它，或許就能改變自己的創業命運。

自古以來，政治與經濟便是一對緊密相連的孿生兒。在世界上任何一個國家或地區，政府所做的重大政治決策，或者所發生的重大事件，總是會對商業行為產生深遠的影響。例如中國的改革開放政策，讓成千上萬的農民、工人成為企業主；市場准入制讓許多有眼光的民營企業家進入原來無法企及的投資禁區……對一般人來說，一項新的政策只不過是一些或被關心或不被關心的新

聞，但對於優秀的商人來說，這些政策中隱藏著無限的商機。一些既沒有雄厚資本、也沒有強硬靠山，靠著一雙手起家商人，就是憑藉比別人更會利用政策的能力，而得以成長，進而創造出一個又一個經營奇蹟。

被美國《富比士》雜誌評為一九九一年度十大富豪之首的億萬富翁，福海實業集團的老總羅忠福將自己起家的「秘密」歸結為：領先政策賺錢。他說：「要說我有過人之處，那就是我比別人更會利用政策。」

市場經濟時代，創業的機會無處不在。一個產業的淘汰就是另一個產業興起的商機。當代各重要國家政策始終把環境與生態保護視為一種可持續發展的策略，這對一些有害於環保的產業來說可能是「滅頂之災」，但另對一些保護環境的綠色產業來說卻又是一次難得的機遇。因此，在經濟發展中，創業者應始終關注政府有關政策，把握住國家宏觀經濟的脈搏，這樣才能覓得更多的創業機遇。

如果企業主們能夠時時刻刻關注政策的調整與變動，注重研究政策規定，善於借用鼓勵性支持性的優惠政策，就會獲得許多商機，搶得經營發展的先機，甚至奪得市場競爭的獨佔優勢和地位。商家應利用政策的張力和空間，做到收放有度，賺錢合道。

李宏傑剛創業時，身上僅有三萬元。由於資金少，李宏傑選擇了乾貨生意。

「那時乾貨都是散賣，味道品種少。如果能使味道豐富一點，品種多一點，就一定有生意做。」雖然李宏傑的瓜子賣得比別人貴，但銷售業績卻很好。其中的關鍵原因就是李宏傑在瓜子上做了點「手腳」，他買了一台小型的包裝機，按照一斤、半斤等類型，將瓜子簡單分裝。「這樣看起來比較有質感，民眾情願每斤多花兩塊錢。扣掉五塊錢的包裝成本，同樣的瓜子，我的利潤是別人的兩倍。」後來累積了一定的資金後，李宏傑決定自己辦炒貨廠。由於資金不夠，李宏傑借了幾萬元的高利息貸款，在家鄉租了一間三百平方米的廠房用作加工廠，買了機械設備便開始進行。由於李宏傑特別能吃苦，而且消息靈通，善於跟著政策走，他的工廠很快就發展起來了。

隨著市場一天一天擴大，三百平方米的廠房已經不能滿足產品的發展需要，第二年李宏傑又購置了四畝土地修建標準廠房，其中一半出租給了別人，獲取了更大的收益。也就是這次出租廠房的經歷，李宏傑又看到了新的商機。「城市升格為直轄市以後，經濟一定會大舉發展，隨著市場發展的速度，尤其是一些中小企業，往往來不及自建廠房。」李宏傑認真分析了未來快速發展的形勢，立即抓住這一機遇，決定在修建廠房和出租經營上大展身手。

正好一個朋友告訴他有土地轉讓，他聽見消息當天就去考察，立即敲定並辦理了一切手續，共投資上百萬元買了十畝土地，修建了四千平方米廠房，自己安裝了變壓器等。廠房還沒有修好，就有企業主動找上門來求租了。

就在出租廠房的同時，李宏傑根據當時的政策做了一件事情——轉手網咖牌照。「當時手頭有些閒錢，不知道該投資什麼，恰好看報紙得到消息，說政府可能會停止審批網咖牌照。」李宏傑覺得其中隱藏著巨大的商機，於是他就開始四處收購網咖，賣掉舊設備只保留牌照。這個機會又讓李宏傑獲得了極大利潤。

從李宏傑的創業經歷，我們可以從中得到這樣的啟發：創業要保持靈敏的政策嗅覺，懂得看清形勢。創業生涯上的得與失，讓李宏傑看到了政策的重要性：「現在我如果沒看過市場形勢分析報告，就一分錢都不會投資。只有順應了經濟發展政策，才能賺到錢。」

「政為名高，賈為利厚」是傳統觀念，所以很多人一直認為政、商所追求的目標不一，兩者界限黑白分明，不可相容。然而事實並非如此。歷史上有名望的商家總是熱情而主動地參加政府和主管部門所舉辦的各種活動，仔細聽取他們對商界各項工作的意見和建議。在某些情況下，也可以反映自己在經營中取得的成績和存在的困難及要求。一般來說，由政府所提供，有利於社會公益事業的活動，那些商界名人總是會積極主動地參加。

其實，在某種意義來說，政府是世界上最有力的推銷員，商人則是世界上最有錢的政治家。在現代社會中，商人的生產經營活動絕非自行其事的孤軍奮戰，更不是不負責任的為所欲為。作為一個創業者更應該懂得政商聯合的道理。

事實上，商業和政治的確可以達成成熟的互惠關係。政界人士從商和商界人士從政的情形逐漸多了起來，這意味著商人已經認識到了政治在商業中所佔據的重要地位，以及其所發揮的重要作用。經營者都有一個共識，那就是做企業的一定要搞清楚政府的政策導向。政府鼓勵什麼、抑制什麼，對於企業的發展極其重要。一定要根據政府的政策來調整自己的發展策略。

謝炳橋，溫州里安人，體重不到四十五公斤，故別人戲稱他為「小不點」。

他在商界裡幾下幾上、幾起幾落，多少帶有點傳奇色彩。他十六歲闖天下，十六歲破產，從萬元戶倒過來一下子負債二十萬元。一九九一年，八年後的謝炳橋，終於還清債務並有了一定的累積。於是，他在北京、青島等地開闢了食品加工、旅遊用品和眼鏡專櫃等生意，但這些都只能掛在別人的名下，生意運作十分不便。他一心想在北京註冊一個屬於自己的公司，參與市場的公平競爭。但那時，個體戶這個字眼還沒有被社會所接受，尤其在首都，老百姓聽到「個體戶」就像聽到「狼來了」一樣，更何況他是一個來自「假冒騙」成風的溫州個體戶，所以他頻頻受挫。

一九九二年春天，謝炳橋南下廣州進貨，正巧遇上鄧小平南行。平時愛讀報紙的他在廣州《羊城晚報》上看到一篇題為《東方風采滿眼春》的文章。讀過之後，興奮不已，將報紙裝入口袋，掉頭就回北京了。他的妻子問他從廣州進了什麼貨，他掏出那張《羊城晚報》說：「你看，全在這。」之後的幾天，謝炳橋就拿著這份報紙跑遍了各個有關審批執照的政府部門，但還是被拒之門外。

當時北京市正在整頓公司，根本不可能再接受新的公司申報。謝炳橋每天在工商所裡死纏爛打，拿出羊城晚報給工作人員看，念給工作人員聽。

事後他回憶：「我隨身揣著這份從廣州帶來的報紙，去找當時抓我趕我的工作人員，我想把鄧小平南行講話的內容說給他們聽。可是，還沒等我開口就被他們訓斥了一番：『現在都在整頓，你還湊什麼熱鬧！』我被他訓得呆呆地站在一邊。後來我想，我身邊不是有鄧小平的講話嗎，我就把報紙掏出來給他們看。

工商所裡的員工看過這張報紙後態度有些鬆動，便跟我說：『先放這裡。』接著就問我：『你想辦什麼公司？』

我說：『我是里安人，待在北京很多年了，能否辦一個貿易公司？』

『那經營範圍呢？』

『什麼都有，比如眼鏡、鐘錶、照相器材等。』

『那麼性質呢？』

『股份制。』

『除了你的股份還有誰的？』

『我和我的姑父，有三個人就可以辦股份公司了。』

『那你是外地人怎麼辦？』

『外地人怎麼啦，外地人不是人啊！首都離得開外地人嗎？』說完之後，那位工作人員還是不敢辦理。

我說：『過兩天鄧小平從南方回來，你們馬上都會知道的。』後來我的第一家公司終於在北京合法註冊。」

一個學問不高的普通商販，竟比政府機關裡的辦事人員更早理解了鄧小平南行講話的重要意義，更早地意識到了鄧小平南行講話對中國經濟發展即將發生的影響，這不正說明了政策對經商者的重要性嗎？由此可見，作為商人，絕不能斷絕與政治的關係，只有緊緊把握政治的潮流，才能比別人走得更遠、更穩。

政策裡面有黃金，就看你怎樣發掘；政策裡面有機會，就看你能否發現。透過政策變化抓商機，就是要在政策的變與不變中發現空檔，乘隙而入抓住商機，利用政策的張力和空間，做到收放有度，進退得體，賺錢合道。只要能夠活用一項政策，就可以救活一個瀕危的企業；只要用好一項政策就可以使一個企業迅速發展壯大。

政府的政策對整個國家、社會和每一個人都有深刻影響。特別是當新政策不斷出現時，新機遇也就不斷出現。既然國家政策可以為企業帶來發展機遇，經營者就應該隨時準備利用這一機遇。

首先，經營者應果斷抓住切入點並迅速行動，迅速調整市場發展策略和產品結構，使企業的經營更具競爭力。其次，經營者要看透政策，用足政策，不讓大好機會從面前滑過。作為企業的經營者，也應充分運用政府賦予企業的權利，大膽深化改革，放開手去經營。

創業鐵律十五

從新聞事件中嗅到商機

身為商人，你可以不看財經報導，也可以不看焦點訪談，如果你不是做石油和外匯的，你甚至可以不去管國外任何的局勢。但是新聞聯播一定要關注，因為它指導著你下一步的投資方向。

當今時代是一個資訊時代，創業者只要留心，報紙、雜誌、廣播、電視、網路等媒體每天發佈的大量新聞資訊中往往蘊含著一定的商機。

新聞是對客觀事實的報導，創業者如果能練就一雙「新聞眼」，能從新聞中嗅出門道，對新聞事件發展趨勢有個比較準確的判斷和預測，就能做到未雨綢繆，抓住商機捷足先登，成功創業。

二〇〇三年，關於「SARS」的報導成為國際新聞焦點，其關注強度甚至一度超過了對美國與伊拉克戰爭的報導。就在全世界為此新聞感到不安時，一些企業紛紛抓住「SARS」這個具有強烈感染力的社會時事，迅速推出了新型產品和與之配套的宣傳策略。

一家保健品業界策劃水準一流的公司「養生堂」，就是其中的一個例子。養生堂抓住「SARS」商機，於二〇〇三年四月二十三日率先捐贈價值五百萬元具有提高免疫力的新產品；同時也送給身在隔離區的醫護人員大批健康產品。同時，在電視、報紙等媒體每次的廣告宣傳中，養生堂都緊打這張公益牌，爭取社會各方面的支援和信任，短短幾天之內，其提高免疫力的產品一度賣到斷貨，其新產品成人維他命也取得較大的市場佔有率，同時也真正拉開了維他命市場大戰的序幕。

這一次事件以後，消費者日常保健意識逐漸增強，健康習慣慢慢養成，尤其對維他命的認識更加增強。為養生堂新產品成人維他命進入市場，無疑節省了一大筆廣告費用。

養生堂之所以得到了長足的發展，就是因為它們嗅到了新聞時事中可以捕捉的機會，並開展了各式各樣的公益活動來進行宣傳，通過宣傳策略鞏固了企業的形象，並籠絡了消費者的心。

SARS時期，很多企業都利用過這個新聞事件搶先邁出一步，既為抵抗SARS作出了貢獻，自身又得到了品牌的提升，然而有些企業卻麻木遲緩。

李嘉誠說過：「精明的商家可以將商業意識滲透到生活的每一件事裡，甚至是一舉手一投足之間都是商機。充滿商業細胞的商人，賺錢機會可以說是無處不在、無時不在。」當某種事物或潮流將要來臨的時候，聰明的創業者就已經提前預知到了，並且做好一切準備等著它到來。這是一種積極的賺錢方法，能夠讓創業者在波濤洶湧的商海中始終立於不敗之地。

成功的商人把每天看新聞列為毫無藉口、堅決執行的軍規。他們認為想把握經濟命脈，就必須關注政局，新聞圖文並茂，有聲有色，正是商人的最佳晴雨錶。對新聞的關注，形成了創業者敏銳的商業目光，成就他們審時度勢的思維，靈活轉變的經營策略，當然這也決定了他們的財富。

在中國，辦高等教育，建立高等學府，從來都被認為是政府部門的事。正因為如此，二〇〇〇年春天，當一所叫做「建橋學院」的私立大學在上海浦東宣告誕生的時候，立刻產生了一股很強的衝擊，創始人叫周星增。

周星增出生在浙江樂清一個農民家庭。那時候生活窮苦，為貼補家用，他常和朋友們下水田抓黃鱔泥鰍來賣，一天賺一塊錢。上中學時，學校離家有五公里遠，他每天放學回去的路上都會拾些樹枝草葉帶回家當柴燒，回家做完作業後還要做農活。他能吃苦，有志氣，學習刻苦努力，終於成為村裡的第一個大學生。

一九八三年夏天，周星增來到貴州工學院任教，四年後破格晉升為講師，一九八九年調入溫州大學，任財務教學研究室主任。一九九二年，中國掀起了改革開放的大潮，讓周星增有了莫名的躁動。就在學校即將任命他為副系主任時，他卻毅然決然地遞交了辭呈，轉職進入民營企業，成為一名商人。在公司，他勤懇實幹，不斷替自己提出更高的要求。從財務部經理到銷售中心總經理、董事長特助，他最終進入了企業集團的領導核心。

一九九九年六月，政府決定把教育視為一項產業，鼓勵社會出力辦學，敞開多元化辦學之路，開啟了教育產業化的先機。當新聞出現這一新聞時，周星增眼前一亮，覺得新的機遇來了。他意識到，發展私立大學是彌補國家高等教育資源不足的必然途徑，是高等教育事業未來發展的大趨勢，一個念頭於是在他心中萌發——創辦一所大學。

一九九九年七月，周星增決定棄商辦學。一九九九年下半年，他與幾個朋友及溫州國際信託投資公司，共同投資三億元人民幣，要在上海浦東康橋開發區與辦上海建橋學院。

一九九九年八月十日是周星增終生難忘的日子。這一天，上海建橋學院舉行了隆重的奠基儀式，上海市、浙江省有關官員都專程前來祝賀。周星增和「建橋」從此在上海灘亮相。學院的建設得到了上海市各級官員的重視和關心，並在政策面上獲得了他們給予的許多支援，上海南匯縣把建橋學院列入該縣二〇〇〇年七大重點工程之一，建橋學院所在的康橋鎮地方官還親自擔任工程總指揮，使學校的硬體建設和工程進度得到了保證。

經過十個月的密集施工，一座嶄新的現代化學府就矗立在黃浦江畔。在這裡，六萬平方米高標準的教學大樓、學生公寓、綜合服務樓，以及電腦校園網、閉路電視教學網、裝備六百多台先進電腦的電腦教室、多媒體室、網路實驗室、電子線路實驗室、語音室、圖書館、有四百米塑膠跑道的標準運動場、籃球場、排球場、網球場等教學、生活設施一應俱全。學院的基礎設施建設創下上海私立大學的三個之最：規模最大、投資最多、設施最好，為「建橋」成為一流學院奠定了可靠的基礎。

二〇〇一年四月份，經上海市教委、上海市人民政府批准，建橋學院又被破格列入國家計畫內招生，成為上海市第四所列入計畫內招生，並有獨立頒發大學文憑資格的私立大學。二〇〇三年七月，學院首批畢業生一千多人，就業率達到百分之九十一。目前，學校的在校生已達到近萬人。上海市政府和上海市教委給予周星增很高的評價。

好多商機其實很多人都發現了，但為何成功的只是少數？因為成功是需要門檻和條件的，比如開公司、辦工廠，都是需要大量資金的，還有一些行業被政府限制或者已經被別人壟斷，想插上一腳更需實力，不是人人都具備這些條件。一般人就會說：算了，沒有那個命，然後看著財富從身邊溜走，只有乾瞪眼。但英雄豪傑們不會這樣想，他們會想：現在我沒有這種條件，那麼我就要去創造這種條件，那樣不就能抓住這個機會了？

總之，在現代社會中，新聞無時無刻不充斥著我們的生活。對於大多數人來說，新聞也僅僅是新聞罷了；但對商人來說，新聞中往往蘊含著大量的商機，是承載商機的百寶箱。有時就是一句話、一則消息、一件微不足道的小事，也隱藏了巨大的商機。

創業鐵律十六

創業初期，儘量「把雞蛋放在同一個籃子裡」

在很多老闆的思維當中，多元化經營是迅速做大做強的捷徑。我們雖然不能說多元化策略一無是處，但對創業者而言，卻不是一件好事，非常容易導致資金、資源、精力分散，在任何一個領域投入力度都不夠，與理想漸行漸遠。

曾幾何時，不能將雞蛋放在同一個籃子裡的思想，被大大小小的企業經營者奉為真理，並應用一個又一個經典案例來論證其正確性。但又不到幾年，對多元化的討伐聲卻又一片排山倒海。

多元化到底孰是孰非，令很多經營者暈頭轉向，不少創業者更是無所適從。其實，就經營管理的角度而言，多元化本身並沒有什麼是非對錯，只有在和具體情況相結合的過程中，才能作出比較適當的價值評判。

對某些類型的企業而言，多元化是沒有辦法的選擇，他們在堅守主業的同時，必須通過其他的專案來彌補先天性不足。其中比較典型的就是專業化的冶金建設、電力建設公司。冶金、電力等行業的專案建設具有非常明顯的週期性。像鋼鐵產業，大約十年一個輪迴，冶建、電建行業當紅的時候，專案多忙不過來；而當處於低谷之時，幾年下來連一個專案都沒有也是非常正常的事情。

這就涉及一個非常重要的問題，當產業處於低谷期，企業該靠什麼來維持正常運營？拿什麼來養活大批員工？即使底層勞動力可以根據專案需要臨時招聘和遣散，但占相當比例的經營團隊還是要穩定的。

為了在市場化條件下解決這個不可逃避的難題，他們一般會選擇幾個努力方向。

第一，就是選擇在全球範圍內拓展業務，利用不同國家產業週期的不同步來部分破解這個困境；第二，發展房地產、旅館、快速消費專案，或者成為風險投資主體，以備主業進入低谷狀態下，順利支付人員工資等經常性費用；第三，進入樓盤承建市場，相對於專業性很強的建築領域而言，房地產施工領域的週期性要平緩很多。

另外，如果你現在已經在產業當中居於領軍地位，而且你的多元化專案在新的領域能夠做到產業前五位，這樣的多元化經營也未嘗不可，或者你本身做的就是資本運作。與此同時，當企業規模發展到一定程度，出於策略上的考慮，為打通產業鏈而實施相關性很強的多元化經營，也算得上一個不錯的選擇。

然而，對大多數創業者來說，事業都遠未發展到上述的那幾種狀態。創業初期往往資金缺乏、人手不足、經驗不太豐富、大多數事情需要老闆親力親為。也就是說，即使將所有的資源都集中在單一專案上，依舊存在很多欠缺，如果把資源分攤到兩到三個專案之上，又會是什麼結果呢？那就是每個專案所能分享到的資源會更加短缺，導致最後無論在規模上還是在特色上，都要遠遜於競爭對手，無疑人為加大了創業難度。換言之，與其盲目追求多元化，不如選對目標，把雞蛋放在同一個籃子裡。

十幾年前，當其他企業認為「不能將雞蛋放在同一個籃子裡，而應多產業發展，廣區域佈局」時，王石發現，萬科利潤的百分之三十來源於房地產。在他看來，房地產這一塊並非最大，但是它的發展速度最快。

王石認為，將來市場發展趨勢是「專業化」。於是他決定只專注於住宅，開始精簡企業的服務項目，這樣的精簡，幾乎囊括到萬科所涉足的零售、廣告、貨運、服裝，甚至還有家電、手錶、影視等數十個行業。最終，萬科成為產業內的龍頭老大，其規模之大令其他企業一時難以抗衡。

哲學家奧里歐斯有一句話：「我們的生活是由我們的思想造成的」，思想上的超前，必然帶來行動上的超前。個人發展如此，企業發展更是如此。在市場競爭激烈的今天，良好的目標意識，為企業的執行辨明方向，有助於企業在市場競爭中取得優勢。

一個有理想的企業，或者說一個可持續發展的企業，在多元化發展的同時，應該一直有目標放在那裡。

一九九〇年，澳柯瑪集團經過詳細的市場調查之後，果斷地提出了內部改造、自我約束，量力而行，走內涵或低成本擴張的經營策略。通過產品調整、技術創新和管理創新相結合，設計開發出家用小冰櫃，填補了當時家用小冰櫃的市場空白。

一九九六年，澳柯瑪集團開始了第二次創業，他們針對內外環境的變化，調整了經營策略，確定了建立國際化大型企業集團的目標，制定了規模化、多元化、集團化的經營方式，樹立了「大、強、新」的經營思路，並設定了合理的短期目標，使集團在更高的起點上再次飛躍發展。

在一九九八年上半年，澳柯瑪洗碗機、電冰櫃分列同業第一名，微波爐列第二名，電熱水器列第三名，澳柯瑪電冰箱已躋身同行業產銷量前十名。另外，澳柯瑪集團已分別在俄羅斯、新加坡等國家設立了產品經貿公司，許多產品已遠銷南美、中東、南非等國家。澳柯瑪集團與美國阿凡提公司簽訂的兩萬台電冰箱出口也已經啟動。

從負債兩千七百多萬元，前後三十七次被告上法庭，到總資產六十三億元，成為中國家電企業七強之一，澳柯瑪集團在九年間經歷了兩次創業，為集團達到世界先進水準打下了堅實的基礎。

澳柯瑪集團帶給我們一個重要啟示，即確立明確合理的企業發展目標，然後將目標進行分解，並實行嚴格的目標管理使企業得以飛速發展，躋身領先地位的重要前提。

由此可見，制定合理的目標對企業經營有著巨大的作用。目標就是指南針，能夠指引企業一步一步邁向成功。高明的創業者都明白這個道理，所以他們總是隨時將目標引入管理。

當然，從目前的創業實踐來看，在一開始就直接定位在多元化經營的公司並不多，大多數多元化運營還是發生在創業進入深水區，遇到各種未曾想到的重重阻力後，為擺脫壓力和迷茫而進行再次選擇之時，很自然地認為下一個方向會更好，但結果往往是使自己陷入更為被動的僵局之中。

還有一些人，在某個案子取得了成功，就將自己的能力無限放大，認為自己能力超強，做什麼都會成功。若能以原有行業為基礎，選擇一些新興熱門行業，錢應該會賺得更快。等到真正運作的時候，才慢慢發現根本就不是那麼回事，各個不同的營業項目來回爭奪人力、物力、財力以及精力，想平衡好這些關係實在並不容易。

盲目多元化，會致使涉足的營運項目太多，而每一個專案都缺乏必要的運作經驗。這就會導致項目雖然很多，但每一個單項拿出來，無論從規模還是從特色上來看，都顯得非常平庸。

整體來看，根本就不是什麼強勢組合，而是弱勢疊加。因此，對創業初期的企業主來說，以成本來考量，集中看管一個籃子，總比看管多個籃子要容易，成本也更低。

創業鐵律十七

瓶頸低的商業模式，動作就要比別人快

創業者在進入市場前，一定要對市場作下充分有效的研究分析。對於那些進入門檻低、壁壘少的行業，進入動作就一定要快，制定一系列的策略，迅速建立自己在這一領域的優勢，當然其商業模式的動作也要比別人快。

企業的發展策略應該是由顧客來決定的。顧客在什麼方向，市場縫隙在哪裡，策略也就應該在哪裡。如果放在社會層面來看，或者是放在整個產業鏈來看，企業的長處未必是長；企業的短處也未必就是短。企業的發展方向應該是放在能使企業形成核心競爭能力、使企業有獨特生存價值的那個方向。否則，策略就是錯誤的。

商業模式是企業立足的先決條件。現在已經不是企業靠單一產品或技術就能打天下的時代了，也不是靠著一個小點子或是一次投機就能決勝負的年代了。要想使企業有生存空間並能持續地營利，非得靠系統的安排、整體的力量，即商業模式的設計。對新成立的企業是這樣，對已經成立的企業更是如此。只有先確定了你的商業模式，即主體地位，才能確定其他從屬地位。否則，就是舍本求末，主次顛倒。

如果商業模式進入的瓶頸比較低，很大可能會成為一個公益專案，此類案子很可能會如雨後春筍一樣地出現，但是經營者可以做得比別人快，以速度贏得優勢。

如果你現在問起PPG是什麼?半數以上的人給你的答案可能不再是那家著名的國際化工企業，而是一家名叫PPG的襯衫直銷網站——批批吉服飾（上海）有限公司（簡稱PPG）。

從默默無聞到成名，PPG只用了一年半的時間。對於服裝這個門檻低的領域，PPG的成功無疑與他獨特的模式有關。PPG的核心商業模式是將現代電子商務模式與傳統零售業進行創新性融合。

PPG的最引人注目之處就是它的輕資產模式。雖然「輕資產運營」在傳統產業尤其是服裝產業已經行之有年，但是PPG的「輕」還是讓人歎為觀止。

PPG首先整合了上游的成衣加工廠資源和布料商資源，再根據實際情況對布料顏色、質地等方面進行設定。採購部門發出生產指令後，原料就會在二十四小時內被送到加工廠，每家代工廠會在九十六小時內批量加工，然後送到PPG等待打包發放。在精確地收集來自市場的回饋資訊之後，動用強大的IT系統進行預測和市場分析，這種由豐田汽車發明的方式在業內被稱為Just in time（即時生產）。Just in time把PPG的生產週期從傳統製造企業的九十天縮短到七天，節省了大量的庫存流轉資金。

PPG的輕，除了體現在生產鏈上，還體現在銷售管道上。PPG被稱為是襯衫行業中的戴爾。在原始材料加工的基礎上，從倉儲系統、物流、採購和生產都以IT系統相互聯通，資訊在這個供應鏈裡得以快速流轉。不開設任何一家實體店面，只通過郵購目錄和網路直銷襯衫。PPG沒有自己的工廠，連物流也外包出去。二〇〇五年PPG創立至今，一直以這種傳統產業看來極為危險的方式營運著。然而，這樣的危險模式卻受到風險投資公司的青睞。三大國際風險投資公司TDF、JAFCO Asia在二〇〇六年投資了PPG後，二〇〇七年四月又得到聯合國際知名風險投資公司KPCB的第二輪投資。兩輪注資總額接近五千萬美元。

和傳統銷售模式不同的是它所有的銷售都是虛擬的，不依賴於任何一家實體門市。產品、目錄和客服中心，三者構成了PPG的全部管道。而PPG模式的好處，最直接的結果就是降低了產品成本，並減小了庫存壓力，直接對企業自身減輕了負擔，形成了優勢，同時也把真正的實惠留給了消費者。

服裝加工業處於產業鏈的最低端，進入門檻很低，因此相對而言，進入此行業的企業就比較多。而PPG通過與消費者的直接溝通，成為眾多服裝生產企業的代言人。傳統服裝品牌商，靠著分佈廣且零散但每次購買數量少的銷售管道來滿足顧客群體；而PPG則是借助高效率的資訊處理平台來作為購買特徵。PPG憑藉這些，在服裝領域迅速建立屬於自己的商業模式，並通過品牌與資訊平台的構建，PPG有效地整合了價值鏈，建立起自己的核心競爭力。

商業模式應該能在顧客價值與企業獲利之間尋求平衡。在各種類型的顧客中區分出企業的價值顧客，並為他們服務，賺取相對較高的利潤。而對於這種瓶頸低的領域，商業模式一定要儘快進入比較好。

目前的市場環境相對有了很大改善，大大小小的風險投資者也熱血沸騰地投資各種專案。如網際網路領域的遍地開花，很多連鎖旅館急速擴張。如果這些急速擴張的旅館無法提供標準化且差異化的服務專案，那麼可能很快會被整合。如果不能迅速建立自己獨立的商業模式，企業的營利模式也不會持久。

同樣的，對於影音網站也是這樣。在聚集人氣的背後，影音網站具有客戶忠誠度。但由於行業的進入門檻較低，同類的網站也越來越多，這類技術產品有著極強的同質性，很容易被模仿，想增加客戶的忠誠度是一件很難的事。客戶很容易就會放棄瀏覽這些網站，使這些網站的營利得不到保證。往往只是關停一個月，日訪問量便會下降百分之八十。因此，對於這些進入門檻低、瓶頸小的領域，一定要迅速建立自己的商業模式，並構建自己的核心競爭力。不斷創新的技術和優秀的客戶體驗，是贏得客戶的重要途徑。

瓶頸低的商業模式動作要比別人快，企業應樹立正確的客戶價值觀念，其中的關鍵在於何時收費、如何收費、定價多少，而這三點又與顧客選擇息息相關。優秀的商業模式一定能夠實現客戶的價值主張。

另外，優秀的商業模式應該能被人所模仿，只有被模仿，才能說明你的商業模式在一定程度上是有發展潛力的；只有被人模仿，才能與模仿者共同創造更多顧客，拓展更大的市場。當然，被模仿的商業模式最好限於那些合格的競爭者，而不是產業的破壞者。對壁壘少、瓶頸低的領域，創業者一定要儘早進入，然後建立自己的核心優勢。

創業鐵律十八

找最適合自己的而不是最賺錢的營業項目

創業者若想在市場上獲得成功，不但應該知道市場中需要什麼，還要瞭解關鍵購買因素是什麼，以及市場競爭中的優劣勢，只有這樣你才能找出競爭需要具備的優勢，並可以以此為根據來設計商業模式。

有的創業者總是不斷抱怨自己運氣很差，做一個營業項目不成，再換一個項目又不成，連續換了五六次，還是沒有從失敗的泥淖中掙扎出來。

大多數人在選擇營業項目時，其實選擇的都是適合自己的領域，模式也是常規的模式，在大方向上不會有太多問題，主要是如何與市場磨合與早日度過導入期。在這種情況下，如果將資源集中投放在該項目上，努力堅持下去，就容易形成聚焦效應，成功的機率也大大提高。

創業是一門大學問，看似熱門賺錢的行業未必人人都可以做得來。創業項目本身並沒有好壞之分，關鍵就在於適不適合。以股票市場為例，如果你是一個資深股票投資者，你應該知道，在股市裡，除非出現一些比較大的意外情況，股票的交易螢幕上每天都有上漲的股票，甚至漲幅在百分之五以上的股票，幾乎每個交易日都有。面對如此「令人欣喜」的場景，一個初涉股市的青年說：「賺錢比撿錢還要容易。」

其實，真正瞭解股市的老股民都清楚，在股票市場上賺錢的，永遠都是少數真正懂股票投資的人。國外有位投資理論家說過，在股票市場上，百分之十的人在賺錢；百分之二十左右的人能打平，到最後全身而退；而百分之七十的人都在賠錢。所以，即使是股市老手，也有可能賠得一場糊塗，更何況初涉股票市場的新手呢？

股市如此，創業其實也是如此。經商創業需要發揮自己的優點，需要揚己之長避己之短。選擇創業項目時，一定要仔細斟酌自身的優劣勢所在，切忌看到某個項目最賺錢，就一頭栽進去自己不擅長的領域而不能自拔。如果對餐飲業比較擅長，就踏踏實實地做餐飲業，而不要去經營汽車配件；熟悉建材業，那就將建材業作為主要發展目標，而不要看到眼下經營化妝品的生意很賺錢，就去經營化妝品。在進行創業設想的階段搞清楚這一點，對你以後的創業會大有好處。

實際上在尋找商機的過程中，自然不會有人好心地告訴你哪裡有錢賺，因此想尋找到適合自己的創業項目就得靠自己。因為，良好的創業項目，不是你到街上走一趟回來就能夠發現的，而是要經過長期的考察，加上系統性的分析才能夠發現的。在尋找適合自己的創業項目時，切記關注以下幾點：

一、搞清楚你面臨的市場是什麼

尋找適合自己的創業項目，首先需要搞清楚你面臨的市場是什麼？弄清楚你所做的項目屬於市場價值鏈的哪一端？只有提前確定好自己的市場位置，才能比較得出是誰在和你競爭，你的機遇在哪裡。

二、對市場做出精確的分析

確定好你的市場位置之後，接下來就要開始分析市場了。你首先應該分析這個市場的環境因素是什麼？哪些因素是抑制的，哪些因素是驅動的。此外還要找出哪些因素是長期的？哪些因素是短期的？如果這個抑制因素是長期的，那就要考慮這個市場是否要做？還要考慮這個抑制因素是強還是弱？只有對市場做出正確分析，你才能進一步做出更好的選擇。

三、找出市場的需求點

經過一番細緻的市場分析，你就能很容易找出該市場的需求點在哪裡，然後對該需求點進行分析、定位，對客戶進行分類，瞭解每一類客戶的增長趨勢。比如某國家房屋消費市場增長很快，但有些價位的房屋市場卻增長很慢。這就要針對哪段價位的房屋市場增長快，哪段價位的房屋市場增長慢作出分析，哪個階層的人喜歡買哪一個價位的房子，其中的驅動因素在哪裡？在需求分析中把市場的需求弄清楚，瞭解客戶的關鍵購買因素。

四、及時瞭解市場的供應情況

在瞭解了市場需求後，也應該及時地瞭解市場的供應情況，也就是有多少人在為這個市場提供服務？在這些服務提供者中，有哪些是你的合作夥伴，哪些是你的競爭對手？不僅如此，作為一名創業者，你還要藉著分析市場需求，找出供應夥伴在市場中的優劣勢。

五、尋找如何在市場佔有率中挖到商機的方法

作為一名創業者，在瞭解市場需求和供應後，所應該做的下一步是研究如

何去覆蓋市場中的每一塊，如何在市場佔有率中挖到商機。對市場空間進行分析的最大好處是，在關鍵購買因素增長極快的情況下，供應商卻不能滿足它，而若新的創業模式正好能填補這一空白，這也就是創業機會。這一點對創業公司和大公司是同樣適用的，對一些大公司的成功也是適用的。對新創公司來講，這一點就是要集中火力攻克的地方，也是能吸引風險投資商的要素。

六、根據自身的資本選擇創業項目

資本少的創業者可以選擇一些最簡單的販賣式創業方法。如在大城市批發服裝、雜貨等，到比較小的城市去出售。有特色的東西雖說在一般情況下市場較小，但是利潤還是很不錯的。

資本中等的創業者可以選擇依靠或者依託別人的現有資本、生產材料等方式創業。如租賃他們的產線，或者生產製造同類的產品。因為新創業的成本較大企業小，產品成本自然會低些，價格也會相對便宜，這樣顧客就很有可能會選擇購買你的產品，或者為選擇你為他們的生產提供輔料、配件等。

資本雄厚者可以選擇那些同類產品少的，或是遠期前景很好的行業。如環保行業、保健行業、婦幼行業等。這些行業的市場需求很大，但是產品相對較少或者不夠完善，存在很大的發展空間。

七、根據性格選擇創業項目

創業者的性格是創業者是否成功的關鍵因素。如果創業者的性格是急躁型的，並且一時半刻修正不了的話，就適合做貿易型的創業項目。但急躁型的人，或許就不太適合選擇生產型的項目，因為生產專案需要很長時間的市場適應期，也需要具有堅強的耐力，需要在市場上修煉，更需要一個市場對創業者品牌的認知過程。創業者可能等不了那麼長又那麼令人難以忍受的折磨，一旦創業者撐不住的時候，那些設備、半成品也一文不值了，創業者必然陷入累累糾紛的泥潭之中了。急躁型的人也不能選擇娛樂服務型的專案，因為現在的客戶越來越挑剔了，有時候刁鑽的客人會讓創業者暴跳如雷，這樣一來客戶將越來越少，最終的結果必然是關門大吉。以上兩類項目較適合溫柔耐力型的性格。當然，創業者如果有合夥人，並且他們的性格能夠互補，也是可以選擇自己性格不允許的項目。若非如此，則千萬不要冒險。

八、根據專長選擇創業項目

創業者的特長、專業、才智、閱歷在某種情況下會成為選擇創業項目的主要根據。這有利於創業者從一開始就進入嫻熟的工作狀態，使創業者的初始創業成功率高出很多；當然，創業者如果具備較高的才智和較豐富的閱歷，確認自己能力非凡，哪怕沒有什麼學歷，也不一定要選擇自己熟悉的東西。事在人為，在短期內熟悉那個行業也不是不可能，這樣的成功案例也很多。但這並不代表一個人拋棄自己的專業特長來創業就會是好的選項，要知道具備專業且不失才智和閱歷的人比比皆是，這樣的人在產業裡才是真正容易成功的人。

所以，對創業者來說，創業項目的選擇直接或間接地決定著其所創事業的將來，所以一定要仔細斟酌，結合自身條件，選擇一個適合自己創業的項目。

總的來說，創業者應該找到適合自己的行業項目，千萬不可人云亦云，盲目跟風，否則面臨的可能就是創業失敗。作為一名創業者，選擇專案是一件可能會決定其創業成敗的關鍵環節。尤其是對一名初次創業者來說，所選創業項目的合適與否至關重要。在面對眾多的創業專案資訊時，要捨得放棄。要從市場以及自身實際條件出發進行選擇。很多投資項目確實很好，但卻超過了投資者自身能力範圍之外。這樣的選擇就得不償失了。

好想好想自己當老闆

—教你開一家會賺錢的公司

How to Become a Boss

創業鐵律十九

謹慎進入免費服務模式

在很多創業者眼中，免費服務漸漸成為切入市場的重要砝碼。但免費服務也存在一個弊端，就是自由度高，缺乏來自外界和內心的約束力，對自身的能力和服務品質的鞭策力薄弱，進而影響到業務模式的成長和真正成熟。

免費模式是商業模式的表現形式之一。以免費報紙為例，其興起就打破了原來報紙媒體的商業模式。一九九九年三月，英國首份免費報紙《倫敦都會報》面世，令報界一片譁然，甫上市就頗受讀者歡迎，只要較晚到達地鐵站就拿不到報紙了。

隨著免費報紙風潮的出現，許多傳統報紙的發行量紛紛下降，有的甚至下降了百分之三十之多。可見免費報紙對市場的衝擊力多麼大，其市場空間和發展潛力是多麼足。

報紙的免費模式徹底顛覆了傳統報紙的商業模式。傳統報紙的收入主要依靠兩方面：發行收入和廣告收入。發行量又和報紙品質、銷售價格緊密相關。而免費報紙唯一的商業模式就是廣告，所以不管是內容還是版面設計，都會確保讀者被導入到廣告訴求上。

從兩種商業模式的比較來看，免費報紙容易突破銷售瓶頸，但前提是報紙內容不能太差而且必須有足夠的資金支持，否則很難維持下去。免費的商業模式需要在一個成熟的市場才能成長。尤其在網際網路時代，資訊共用成為人們的共同訴求。免費的背後，正是商業模式的完善和成熟。騰訊的發展過程就是一個商業模式不斷完善和成熟的過程。

騰訊從一個亦步亦趨的小企業，現在已經發展成為一個航母級的大平台，

目前穩居中國網際網路企業市值的頭把交椅。目前騰訊QQ擁有的註冊用戶破億，且以幾何速度每日遞增。「QQ之父」馬化騰正帶領著自己的團隊，一步步創建起自己的帝國。

一九九八年年底，馬化騰開始創業。騰訊在創立之初，和其他剛開始創業的網際網路公司一樣，面臨著資金和技術兩大問題。一九九九年二月，騰訊開發出第一個「中國風味」的ICQ，即騰訊「QQ」，受到用戶歡迎，註冊人數瘋長，在很短時間內就增加到幾萬人。隨著用戶量的迅速增長，營運QQ所需的投入越來越多，馬化騰只好四處去籌錢，借助海外的風險投資公司，騰訊終於在艱難中生存下來，也漸漸建立並完善了屬於自己的商業模式。

免費的QQ只是招搖的紅手帕，而QQ本身也從廣告、移動QQ、QQ會員費等多種領域實現了營利。天下沒有白吃的午餐，免費的背後是用戶習慣和消費群的確定。隨著QQ用戶的不斷增長，騰訊推出了各種各樣的增值服務。

一、網際網路增值服務

網際網路增值服務包括了QQ會員收費、QQ秀、QQ遊戲等全線網際網路服務。隨著「QQ幻想」和「QQ華夏」以及「地下城與勇士」、「QQ炫舞」和「穿越火線」等遊戲的相繼推出和完善，網路遊戲這個蛋糕為騰訊帶來了不少的收益。另外還有拍拍網上的QQ幣等虛擬商品的銷售額也在增長。

二、網路廣告

在門戶網站陣營中，QQ.COM流量第一，已將新浪甩在了腦後；營收第三，全面超越了網易。QQ.COM的用戶流量，已經威脅新浪等以廣告收入為主的入口網站，即將再次成為騰訊家族後發先至的成功典範。

三、移動及電信增值服務

移動及通信增值服務內容包括：移動聊天、移動遊戲、移動語音聊天、手機圖片鈴聲下載等。當用戶下載或訂閱短訊產品時，通過電信運營商的平台付費，電信運營商收到費用之後再與服務提供商分成結算。

以即時通簡訊為核心依託，以QQ為平台，借助免費的QQ軟體和良好的使用者體驗，QQ開始以低成本迅速擴張至網際網路所有領域。二〇〇五年，馬化騰大舉進軍休閒遊戲；接著又斥資進入大中型網路遊戲；二〇〇六年，馬化騰又進入電子商務領域，在拍賣和線上支付亮出利刃。

如今，馬化騰執掌的騰訊公司已經圍繞著QQ創立了中國最大的三家綜合入口網站之一、第二大C2C網站、最大的網上休閒遊戲網站，擁有全球用戶數最多、最活躍的網際網路社群，市值在世界網際網路產業內僅次於Google和Amazon。

騰訊科技商業模式的特點是以IM（即時通訊）為核心依託，以QQ為平台，低成本地擴張至網際網路增值服務、移動及通信增值服務和網路廣告。這種商業模式對應的原理是平台經濟學。免費的QQ軟體為騰訊帶來最寶貴的資產，就是龐大的活躍用戶群體，是網際網路上的客流。休閒遊戲、網路遊戲以及之後的一系列產品，等於是開在鬧市的商店，有龐大的QQ用戶做支援，騰訊的擴張之路幾乎撒豆成兵。

世界上有一種路，是一個人走出來的；商界有一種模式，是一個企業創造出來的。馬克思為寫《資本論》在大英博物館地毯上踩出的路，就是他一個人走出來的；騰訊科技的「商業模式」是創出來的，騰訊的QQ之路，是馬化騰走出來的中國式網際網路之路。

展望未來，一般規律是：平台免費，增值收費；產品免費，服務收費。免費只是招搖的紅手帕，通過免費的形式，企業可以快速聚攏部分客群，為企業的持續營利創造機會。

但是免費需要一個成熟的市場才能成長，初創企業在設計商業模式的時候，一定要明確哪些環節是利潤貢獻較大的？哪些環節對公司利潤貢獻最小，甚至是沒有利潤貢獻的？從而有針對性地設計商業模式，用最優秀的資源去優化最關鍵的環節，形成企業的相對競爭優勢，從而鑄造獨特的、富有競爭力的商業模式和營利模式。

「免費」這種行銷方式，目的是讓顧客在試用了之後，對品質產生信任，並進而做出購買決策。而試用的成本將由購買產品的顧客來承擔。這種張三享受服務，卻要李四來付錢的方式，絕不是我們所討論的「免費」模式。只有當免費的過程本身就可創造新價值，並且當所有參與者都能獲得這份新創的價值時，真正的免費才是可行的、營利的。真正的免費不在於用零價格獲得一個商品或服務，而在於是否從一個商品或服務裡獲得不支付成本的利益，其本質在於通過低於競爭者的價格或低於平均成本，來獲得競爭優勢。

完全免費（即未付出任何成本就獲得產品或服務）只是價格低於平均成本的特例。商業模式和商業競爭中不存在完全免費的情況，只有比競爭對手產品多免費一分錢而獲得的競爭優勢和市場佔有率。這也是免費的目的。所以現在，整個社會已經被這所謂的「免費」所縈繞，免費行銷比以往的行銷手段更強烈地吸引著消費者，各類免費產品、免費服務以及免費體驗蜂擁而至。

西方國家消費者都有這樣的常識，那就是沒有免費的午餐。想要好的服務，那就為好的服務付費。如果哪一個公司過分強調「免費服務」，那只能說明它的產品不夠好。或者只有為了賺取客戶資源的網路公司才會提供免費服務，而在這種時候消費者也很清楚，網路公司所提供的並不是免費服務，那些無處不在的廣告就是他們必須付出的代價，這就是免費的電視劇中間總是隨時會跳出廣告的道理。所以，很多消費者寧願選擇付費電視，也不願意享受免費但廣告多到令人受不了的電視。

免費服務模式，以及極端倡導這一模式的做法，與國際化的收費模式正好是背道而馳的。實際上，「免費服務模式」是一種很好的手段，但不可以推向極端。否則服務就會成為銷售硬體的附贈品，淪落到「不值錢」的從屬地位，最後導致服務提供者所提供的價值得不到公正的評價，從而扭曲了服務的價格體系。這種扭曲的價格體系，會導致整個行業競爭要素錯位，與國際化趨勢背離，導致管理、技術與組織制度無法提昇。

同時，「免費」的成本也是巨大的，它可以幫助許多資金雄厚的企業掌握市場，使許多小企業逐漸失去競爭力，造成壟斷現象的出現，破壞了企業進步與生存的競爭機制。由於消費者不需要花費任何成本，從而導致消費者可以毫無節制的隨意使用這些資源，也導致了資源的浪費。有鑒於此，是否可以進入免費服務模式，創業者應該根據自己的情況進行評定。

好想好想自己當老闆

—教你開一家會賺錢的公司

How to Become a Boss

創業鐵律二十

女人和嘴巴是兩大財源

有調查顯示，社會購買力百分之七十以上都是由女人掌握的。商人發跡的另一個財源，就是人類的嘴巴。嘴巴可說是消耗金錢的「無底洞」，地球上當今有六十多億個「無底洞」，其市場潛力非常的大。

從某種意義上說，金錢的實際擁有者是女人。有個說法是這樣的：一個女人和一個男人吃飯，兩人都付錢，說明他們是朋友；男人付錢，說明他們還處在熱戀之中；女人付錢，說明他們是夫妻。可是無論他們是什麼關係，金錢總是圍繞著女人花，這是人類永遠通行的社會規則。

這個世界的中心雖然是男人，但男人的中心卻是女人。男人總是圍繞著女人轉，千方百計地討女人歡心。男人一旦結了婚，女人就成了男人永久的資金保險庫，男人說女人是家裡的「財政部長」。男人很感慨：女人這一輩子就是大把大把地花男人賺來的錢，男人就是在不停地大把大把賺錢。

男人們很委屈：「我們不管什麼東西，只要能用就行，從不挑剔。可是女人呢，為了讓自己更加漂亮，簡直是不顧一切。她們揮揮自己的手，男人辛苦半天掙來的錢就會被她們花掉。」商人們也這樣總結：男人的任務是賺錢，要想再從他們身上賺到錢是很難的；而女人的任務是花錢，賺她們的錢就容易多了。男人喜歡把自己的女人打扮得漂漂亮亮，女人說，「自己變漂亮了男人才有面子」。男人有賺錢的權利，女人有花錢的權利。

一個有經濟頭腦的商人，如果瞄準了女人，就一定能夠賺取很多的錢。反之，如果經商者拼命「瞄準男人」，想席捲男人的錢，這筆生意則註定不會成功。因為男人是賺錢的人，能賺錢並不意味著持有錢、擁有錢，消費金錢的許可權還是在「女人」手上。

看看滿街經營的各種商品，漂亮的戒指、鑽石，各式各樣的女裝，女人的別針、項鍊、耳環……多半都是和女人有關的，而這些東西的價格一般都比較高。所以商人只要運用聰明的頭腦，讓女人為你心甘情願地解囊，那麼鈔票就會像流水一般自動流進你的口袋。

商人施特勞斯是一個運用「女性生意經」的好手，他靠著這種獨特的經商法則使他的梅西百貨成了世界最有名的高級百貨公司。

施特勞斯從當童工開始，後來當了小商店的店員，他在打工生涯中注意到，女性顧客占絕大多數，即使有男士陪著女性來購物，決定購買權的也都是女性。

施特勞斯根據自己的觀察和分析，認為做生意盯著女性，市場前景更光明。當他累積了一點資本的時候，就開了一家以經營女性時裝、配件、化妝品為主的小商店「梅西」。經過幾年經營後，果然獲得了豐厚的利潤。他繼續沿著這個方向，擴大規模，使公司的營業額迅速增長。施特勞斯總結了自己的經營經驗，接著開展鑽石、金銀首飾等名貴產品的經營。他在紐約的「梅西」百貨公司，總共六層的賣場內，賣鑽石、金銀首飾的佔一層，賣化妝品的佔一層，賣時裝的佔兩層，剩下的兩層才是賣各類綜合商品。可見，女性商品在梅西百貨裡佔了絕大多數。經過三十多年的經營，施特勞斯把梅西百貨辦成了世界知名的高級百貨公司，這與他選定女性市場的策略是分不開的。

賺女人的錢，關鍵在於要抓住女人的心理。有人說，女性有很強的觸摸欲。在購物時，這種欲望表現得更為強烈。以購買衣服為例，如果她們不親手摸一下，是絕不可能下定決心購買的。如果說買衣服等跟身體觸覺有關的東西當然要先用手摸一摸，但衣服之外的每一樣東西，她們也要用手先鑒定一番，這就讓人不可理解了。不管怎麼說，女人就是喜歡觸摸，如果東西沒有經過觸摸，她絕對不會放心購買的。

即使是買吃的東西給孩子，她們也會習慣性地先用手捏一捏，而不是用嘴去品嚐，她們藉由觸摸來鑒定產品的優劣。反之，不管包裝袋的外觀設計得多麼精美，如果包裝袋不透明，銷路往往不會太出色，主婦們總是不願意進行新的嘗試。抓住了這些原因之後，那些銷售量不佳的商品，就可以借此檢討產品是否包裝得過於周全了？要是存在這種情況的話，建議你將產品的一部分露出來。

想賺取女人的錢，首先要抓住女性消費的心理。只要真正掌握以下這些女人的消費心理，就可以輕而易舉地賺到女人的錢。

一、追趕潮流的心理

女人是善變的，她們的欣賞眼光總是隨著潮流的發展不斷改變，只要你趕在潮流的前面，你就抓住了最大的商機。

二、愛慕虛榮的心理

在別人看不到的地方，女人可以讓自己做一個不修邊幅的黃臉婆；而一旦出門，卻總是不惜花費更多時間把自己裝扮得光鮮亮麗。因此從女人的衣著打扮下手，正是個創業的好方向。

三、戀愛期的消費心理

俗話說：「女為悅己者容。」處於戀愛期的女性，最喜歡打扮自己。而且戀愛期的女人一般都會表現出小鳥依人的樣子，所以戀愛期的女人有更大的魅力讓男人為自己掏腰包。

四、「視覺第一」的心理

女人大都憑感覺消費，一旦看上某一件東西，不惜重金也要擁有。因此在經營女性產品時，要注重產品的視覺和美感，哪怕僅僅是因為欣賞，很多女人也會心甘情願地掏腰包購買。

但話又說回來，女人的錢並不是想賺就一定能賺到。難道只有聰明的商家，就沒有聰明的女人嗎？事實上並不是。創業者不要忽略，不論是大方的，還是小氣的，女人都有一個共通性：上一次當後可以自認倒楣，但絕不會再上第二次當。一個女人若在朋友開的店裡買了一千五百元的衣服，後來發覺在其他的店裡只需要一千兩百元就能買到，在痛呼上當後，她就再也不會「舊地重遊」了。

因此，聰明的創業者想讓女人掏腰包，而且長期在你這裡消費，決不能使用拙劣手段，要拉高層次來滿足女性的需求，使她們心甘情願地解囊。否則，做一次生意，少一個客人，最後只好關門大吉。請認真研究女性對商品品味的需求，並在品質、款式、價格上真正地去迎合女性，這才是賺女人錢的「正道」，女人才會成為你的「財源」。

除了女人這個財源外，嘴巴也是一大財源。想想看，什麼樣的東西賣出去，通常當天就會被消費掉，這種東西除了食品以外，還有別的嗎？人們為了生存，總是需要連續不斷吸收能量、消耗能量，只有食品才能提供人體所需要的能量。人要繼續活下去，就要不斷地消費食品。為此，商人設法經營了許多能夠經過嘴巴的商品，如食品店、魚店、肉店、水果店、蔬菜店、餐廳、咖啡館、酒吧、俱樂部等等，不勝枚舉。

食品有一個最大的優點，那就是它能夠獲得長久的利益，因為口腹之欲是人要生存的最起碼條件。人的胃口是一個永遠也填不滿的黑洞，更沒有一樣消費品能像食品這樣，需要天天消費，讓人一點也不能馬虎。所以，很多經商者認為做食品生意一定賺錢。

普洛特是世界上最有錢的富翁之一，他靠經營馬鈴薯發了財，被譽為「馬鈴薯大王」。

二戰爆發不久，辛普洛特獲知美國部隊在前方作戰，需要大量的脫水蔬菜。他認為這是一個非常好的賺錢機會，於是毫不猶豫地買下了當時全美最大的一家蔬菜脫水工廠。他將這家工廠買下以後，專門加工脫水馬鈴薯供應軍隊。從此以後，辛普洛特就找到了發財的金鑰匙，走上了拾金斂財的道路。

一九五〇年代初期，一位化學工程師研製出了冷凍炸薯條的方法。當時有很多人對這種產品並不重視，但辛普洛特同樣看出這種新產品很有潛力，即使冒點風險也值得。於是他高薪聘請了那位化學工程師，生產了大量的冷凍炸薯條。果然不出所料，冷凍炸薯條上市後深受消費者的歡迎，他也因此賺了很多錢。

再後來，辛普洛特發現炸薯條並沒有把馬鈴薯的潛力完全地挖掘出來。因為，馬鈴薯經過繁瑣的工序——分類、去皮、切條和去掉斑點之後，真正得到利用的部分大約只有一半，剩餘的就會被扔進垃圾堆裡。辛普洛特想，要是能夠將馬鈴薯的剩餘部分再加以利用，不是更好嗎？沒過多久，他想出了一個很好的辦法，將這些馬鈴薯的剩餘部分摻入穀物，用來做牲口飼料。

就這樣，辛普洛特構築了一個「龐大的馬鈴薯帝國」。他每年銷售十五億磅經過加工的馬鈴薯，其中賣給麥當勞做炸薯條的馬鈴薯就佔了一半。他從馬鈴薯的各種利用方式中，每年取得數億美元的高額利潤。現在辛普洛特的資產到底有多少，誰也不知道。

古話說「民以食為天」，因此我們可以從嘴巴上下工夫，做嘴巴的生意。猶太人認為，飲食業是永不枯竭的金錢來源，他們很早就認識了這一點，並能夠抓住機會，使得數不盡的金錢乖乖地鑽進他們的口袋。《猶太法典》說「嘴巴是消耗金錢的無底洞」，因為地球上有六十億張嘴要吃東西。無論富貴還是貧窮，人們對食品都是一點也不馬虎的，總會在自己能接受的經濟條件下選擇營養、美味的食物享用。所以，猶太人認為做食品生意一定可以賺錢，是有一定道理的。

在經營「嘴巴」的生意上，中國人也很在行，很多富翁，最初都是靠小飲食店起家的。現在，無論是在美國還是歐洲，華僑開的餐館隨處可見。據行家測算，高級飯店的利潤有百分之八十，一般酒店、飯店的利潤則在百分之五十，而懂得經營的人利潤就更大了。

實際生活中，靠經營飯店起家的創業者太多太多，因此而成為富豪的也數不勝數。世界聞名的麥當勞，在三十多年前只是美國加州一問默默無聞的小店。後來，新經營者靠著麥當勞漢堡出了名。目前全世界有六千七百多個麥當勞速食店，分佈在二十九個國家和地區，其中在美國就有五千五百四十四家。

當然，想做好任何一種生意，硬要去套用生意常規是不夠的，它還需要創業者具有聰明的頭腦和透徹的洞察力。「嘴巴」生意也不例外，靠吃維持生存的是人類，富人在吃上的開銷絕對較大，窮人在吃上的開銷相對金額高。抓住嘴巴這個「無底洞」，商機無限。

此外，商家一定要注意幾個盲點：不要因為女人和嘴巴的錢好賺，就降低品質和服務，無論賣東西給什麼樣的人群，品質永遠比任何華麗的說辭有效；開發不要僅僅流於表面，要跟隨時代步伐探尋消費者內在的真實需求；女人和嘴巴的市場同樣需要細分，要對女性群體進行細緻的劃分和研究，找到其中共通和差異的點，並針對最適合的細分市場開發適合的產品和服務，而不是去指望所有的女人和嘴巴都會喜歡你的產品。女人和嘴巴是未來商業的兩大財源，他們可以輕鬆決定商家的興衰成敗，想賺他們的錢，同樣需要細緻的調查準備和優質的服務。

創業鐵律二十一

商業模式不能簡單抄襲，必須要有自己的特色

企業商業模式的設計，就是為了使企業形成核心競爭能力。具有獨特核心競爭力的商業模式，肯定是一個能使客戶實現價值、使企業營利的商業模式，也一定是能使企業走向成功的商業模式。

經商一定要有一套方法，要有屬於自己的獨特模式。這種模式不是永恆不變的，必須不斷地思考客戶的真實需求、真實的焦慮、真實的困惑，企業只有不斷適應商業環境的演變，才有可能不斷更新商業模式，持續地進行商業模式的創新。這樣你的企業就可能比那些根本不懂得商業模式，更不知持續更新的企業，擁有更多的優勢。

例如，伴隨「宅」經濟衍生而出的第三方支付概念，這種協力廠商信任託付的商業模式，就是一個獨立、有特色的商業模式。

隨著「宅男宅女」的盛行，「宅經濟」也應運而生。所謂「宅經濟」主要包括電子商務、線上娛樂、遊戲為代表的網上經濟以及產業鏈上的商業交易。網路遊戲與網路購物就是「宅經濟」中兩座最大的「金礦」。

女性會在網上購買衣服、生活用品、護膚品等，而男士多數在網上購買則是電子設備、工具書等。從網路上買，只要在家裡等待送貨上門就好，能省下不少錢和精力，最快兩天就可到貨，運費甚至不需要自己負擔。這些便利，使「阿宅一族」樂此不疲。

「宅」經濟的起飛，一方面源於社會現實，另一方面也由於網購可以節約時間和成本。人們只要在家輕輕一點滑鼠，就可以完成消費行為，這種方式已逐步取代外出購物人擠人的辛苦。而伴隨著「宅」經濟而來的，是一種獨特的商業模式。像第三方支付這樣獨特的商業模式，就從這種「宅」經濟中營利。

網上消費可以說是為「宅男宅女」量身打造的購物管道。除了逛網路商店，網上買菜也同樣如火如荼。各大網路賣場紛紛興起，消費者可以採用第三方支付、網路轉帳、貨到付款、會員卡預存費用等，多種支付方式進行消費。

「宅」經濟還促進了網路遊戲的盛行。很多「宅男宅女」業餘時間最大的愛好就是打網路遊戲。這種網路遊戲的花費占收入比重極低，因此需求收入彈性小。即使在經濟不景氣時期，娛樂消費反而還可能得到促進。藉著投身於虛擬世界和追求即時娛樂，人們可以暫時逃避現實生活中的不如意。

同時，玩網路遊戲費用低廉，幾乎人人都負擔得起，即使是失業的人們。網路遊戲業和那些需要巨額資金、週轉速度慢的實體行業相比，顯出相當的優勢。網路遊戲是收入最高的網際網路行業之一。

有關專家指出，「宅經濟」具有低成本、高效率以及參與者年輕化等特點。在一段時間內會成為一個相對獨立的商業模式。包括依託於網購的協力廠商，快遞配送業務以及相關的網路通訊、電腦硬體設備等，都會得到進一步發展。

隨著第三方支付的信任擔保概念普及，在網購之外的眾多經濟生活服務領域也開始借鑒這種信用擔保方式，甚至直接推出各行業自己的第三方支付服務，因而形成一種消費現象。除了網購，我們還可以在網上開店，這也是解決就業問題的方式，甚至有些全職工作者，也有自己的網路商店。

好的商業模式對於一個公司的成功是必不可少的，而最好的商業模式就是獨立的、有特色的，它不需要多少人力，一旦運作起來便能自己產生利潤，持續發展。

戴爾的直銷模式看起來很簡單，但很少有企業能夠複製戴爾的模式。原因在於「直銷」的背後，是一整套完整的、極難複製的資源和生產流程。所以商業模式不能簡單抄襲別人的形式。在網際網路領域，創業企業如何選擇自身的發展道路，是一個值得討論的問題。創業公司如果不從國家的實際情況出發，不從客戶的具體需求出發，只是全部照搬一些優秀商業模式的外在形式，而沒有自己的思想，創業是很難成功的。

時下在網際網路領域流行著「網際網路第二春」的說法，「Web 2.0」似乎成為網路業的下一桶金。所謂「Web 2.0」很大程度上都是抄襲國外的運作模式，如果不與實際情況結合起來，這條路是行不通的。網際網路還是需要創新，需要當地化。比如短訊業務在中國的成功令美國人無法理解，網路遊戲的成功也跟美國不一樣，網路音樂的發展也跟他們不一樣，這些都是美國所沒有的模式。成功的企業之所以成功，就在於他們實現了結合國情的模式並發展創新。北京著名購物網站當當網的模式，就值得創業企業借鑒。

當當網自一九九九年十一月開通以來，一直保持著高速的成長，業務規模每年增長率超過百分之百。目前是全球最大的中文網路圖書影音商城，每天向全世界中文讀者提供近三十多萬種中文圖書和影音商品，每天為成千上萬的消費者提供方便、快捷的服務，為網路購物者帶來極大的方便和實惠。當當網的模式就是亞馬遜、家樂福、沃爾瑪等商業模式，並且在中國的落地生根。

在當當網處於準備期的一九九七年前後，俞渝和丈夫通過分析亞馬遜的商業模型與傳統貿易手段的區別，開始籌備、製作書目資訊資料庫。後又通過觀察亞馬遜的做法，觸發靈感，其中最受觸動的一點是建立多個送貨位址，為顧客設計好清單，然後將這些理念灌輸給同事，鼓勵旗下一百四十名員工從亞馬遜網站上訂購物品，吸取經驗，再照顧客需求分類。

從策略層面上來說，當當網真正模仿亞馬遜的只有兩點：一是產品多元化策略，即讓顧客有更多選擇；另一個就是價格策略，樣樣打折，用低價讓顧客得到實惠。

當然，當當網的老師絕不只有亞馬遜一個，作為一個網路大賣場，他們在經營的過程中還借鑒了家樂福、沃爾瑪等傳統零售業者的商業模式。雖然在中國大陸，資訊社會化程度、物流運輸體系的建設、電子支付的手段和觀念等都已經有了很大的進展，但是中國大陸的商業環境與亞馬遜所處的商業環境終究還是有很大的區別。因此，創造性地模仿，就是模仿策略中的關鍵環節。

模仿的大忌就是「照搬」，盲目地模仿只會重蹈覆轍。當當網在模仿亞馬遜的過程中，根據現實的商業環境進行了四點創新：

一是收款模式的創新。

中國是現金交易的大國，網路授權信用卡支付還不普及，因此實行貨到付款政策，並且最終由快遞員將款項給帶回快遞公司，再匯至當當網的帳戶。這是為了適應現實的良性運轉模式。

二是交貨速度的創新。

在亞馬遜，網路購物後通常在七個工作日後交貨，但是當當網經過研究比較發現，亞洲消費者的耐心非常有限，於是在交貨速度上力求快速。北京的消費者網購通常在下單後第二天即可送達，而上海、廣州、南京等較大城市，則通常在三天到五天內可以收到。

三是服務的創新。

美國消費者曾經歷過郵購的商業模式，所以上網購物對他們來說，相對安心。但對於非實體店面購物經驗相對不熟悉的人，讓他們放心購物不僅需要政策、制度的保證，同時也需要多種服務手段。當當網摒棄了美國網路購物與顧客溝通模式的單一化，而是用電話、E-mail、QQ、BBS等多種手段，消除消費者上網購物的陌生感，降低他們願意嘗試風險的門檻。

四是配送環節的創新。

在中國沒有UPS、FedEx這樣覆蓋美國乃至全球的物流企業。所以當當網的做法是：最大化地利用航空、鐵路、城際快遞、當地快遞公司等等。儘管管理和協調的難度增加，但卻解決了最短時間內送貨上門的問題。

種種的創新讓當當網迅速在國內佔有市場，本土化的「亞馬遜模式」、

「家樂福模式」、「沃爾瑪模式」也加速了當當網成為全球最大中文圖書影音網路商城的步伐。

一個善於創新的企業，一定擁有自己原創的內容，哪怕只是一個小小的亮點卻是可以放大的，這是創業最寶貴的基礎。而創業者在模仿商業模式的時候，一定要考慮三個方面：

一、這種商業模式能否實現客戶價值最大化

一個商業模式能否持續營利，與該模式能否為客戶提供價值有著必然的聯繫。一個不能提供客戶價值的商業模式，即使能營利也是暫時的，不會持續下去。而一個能為客戶提供價值的商業模式，即便暫時不營利，也終究會走向營利。基於此，成功商業模式的基本設計宗旨，就是要為客戶提供最大價值。

二、這個商業模式是否能夠持續營利

企業能否營利是判斷商業模式最為明顯的標準。一個無法實現營利的商業模式，絕對是不成功的。當然，大多數情況下，商業模式開始初期並不能實現營利，但你必須要找到能夠說服自己能夠營利的理由。

三、結合自己實際情況建立的商業模式，是否具有自我保護功能

在競爭激烈的商場，越是不容易複製的商業模式才越能夠實現持續營利。因此，成功的商業模式一定具有自我保護功能。例如分銷管道上簽訂排他性分銷協議，便是方法之一。其他諸如品牌、核心技術等，都是自我保護的體現。

當然，在企業發展的過程中，能夠保證商業模式不易被模仿的有力武器之一，就是技術門檻。好的商業模式需要企業有能力配置各類資源，必須通過一定的技術保證其實現。因此如果不掌握相關的核心技術，就無法保證商業模式

不會被其他企業模仿。

創業者最容易犯的錯誤，就是盲目模仿大公司的商業作法。一個被描述得再漂亮再完美的模式，被很多流行詞彙堆砌起來的理念，如果只是簡單拷貝過來，放到另一個地點來運營，很容易遇到很多在地挑戰。而這個模式又不是你的原創，你既然缺乏深入的瞭解，又怎麼可能運作成功呢？

齊白石說過一句話，「學我者生，似我者死」。商業模式的抄襲表面上來看似乎最省力，但只是抄襲肯定會死得很慘，真正學到精髓的，才可能生存。

好想好想自己當老闆

—教你開一家會賺錢的公司

How to Become a Boss

創業鐵律二十二

「長期營利能力」才是衡量商業模式好壞的最佳標準

創業者希望通過投資商獲得資金，而投資商則希望他所投資的項目有一個較好的商業模式。實際上，很多創業者並不知道真正的商業模式是什麼。一個好的商業模式肯定是具有創意的，但沒有經過設計的商業創意並不是商業計畫。好的商業模式必然是企業策略的核心部分，也將為企業帶來持續的營利能力。

一個企業的成功不能僅僅看它現在的利潤，更需要看它未來的發展前景。因為企業的競爭不僅僅看今天誰賺得錢多，而是看哪一家企業有持續賺錢的能力。如果企業暫時的確能賺錢，卻不去提升自己的競爭力，不投資未來的競爭領域，那麼以後這家企業的錢只會越來越難賺。所以未來的企業競爭不是比資本，而是比賺錢能力，如果沒有持續賺錢的能力，那麼企業的固定資產根本就支撐不了多久。

持續營利指企業既要能贏得利潤，又要有發展後勁。營利必須有其可持續性、長久性，而不是一時的偶然行為。能夠持續營利，是判斷商業模式成功的最基本要求，也是唯一的外在標準。因此，初創企業在設計商業模式時，關於持續營利和如何營利，也就自然成為非常重要的考量。

雖然奇虎三六〇只能算是殺毒業的新兵，但在周鴻禕的領導下，三六〇安全衛士以「狠狠的」免費招式掀起了安全領域的風暴。

周鴻禕始終恪守著「使用者需要什麼就給什麼」的理念，尊重用戶體驗的價值。所以三六〇殺毒軟體走入市場時，並沒有立刻追求付費的模式，而是採用免費的方式，給使用者選擇權。然而，幾乎所有的免費軟體都面臨著一個問題：如何營利？如何在沒有任何收入來源的情況下繼續運營？順應網際網路免費大潮的奇虎，也在探索著自己的營利模式。

事實上，三六〇安全衛士推行的營利模式很簡單：普遍性服務免費，增值服務收費。周鴻禕和他的團隊認為，免費的軟體能夠吸引足夠大的用戶群。只有足夠多的用戶，才能為未來的營利創造良好的基礎。在軟體價格低廉的情況下，即使有百分之一的三六〇用戶，每個月哪怕只花幾塊錢付費，也是龐大的市場。這也是周鴻禕對投資免費網際網路軟體看好的原因之一。

另外三六〇殺毒裡面還有一個軟體推薦功能，這些軟體如果想長期獲得三六〇殺毒的推薦，就需要支付一定的費用。三六〇安全瀏覽器，上面集成谷歌、百度搜索框，每天有成千上萬的人在使用。這些搜索框每天都在為三六〇帶來利益，同時三六〇安全瀏覽器中投放的文字廣告，也會帶來不少收入。

憑藉著三六〇安全衛士等免費軟體，奇虎獲得了盡可能多的用戶群，並通過提高軟體功能和豐富多樣的產品種類來滿足不同客戶的需求。對於那些只有少數人需要的個性化服務，奇虎三六〇將針對部分使用者提供增值服務從而營利。二〇一〇年，三六〇安全衛士推出首項增值服務——線上存儲和安全備份。

隨著3G時代的到來，手機平台也越來越開放，各色各樣的手機病毒日益浮出檯面，手機的資訊安全也成為消費者關注的問題之一。奇虎三六〇公司加速在手機安全領域佈局，為其在安全領域的下一步擴張做好鋪墊。同時奇虎也在積極部署未來的「雲端安全」領域，三六〇的資料中心部署了五千多台伺服器，通過專業的搜索技術、海量的用戶基礎，三者共同建立起了雲端安全體系，從而為消費者提供更加有效的服務。

擁有了龐大的消費群體，自然就擁有了獲取利潤的方法。目前，周鴻禕旗下擁有三六〇安全衛士這一免費軟體平台，以及三六〇殺毒，三六〇手機瀏覽器，還有手機上的三六〇安全衛士等多款免費產品。而這些免費的產品正是周鴻禕的「立業之本」，他希望通過「免費」模式，像騰訊QQ一樣搶佔用戶桌面，從而獲得長久的發展動力。

持續營利是一個企業是否具有可持續發展能力的最有效考量標準，營利模式越隱蔽，越有出人意料的好效果。營利能否持續，就要看消費者能否持續放大或維持。一旦有了龐大的消費群體，收益就有了保證，這個營利模式也就能持續！

初創企業發展的最大瓶頸就是客戶，只要把客戶的注意力引到產品上，就等於成功了一半。用免費的產品吸引客戶注意，並提供使用者體驗，的確是別出心裁的一招。如果該產品經得起市場考驗，消費者就會使用並信賴此產品，企業也因此會實現營利。

據統計，創業夭折多半因為持續營利能力存在較大不確定性。很多大企業都有著很好的持續營利能力。

麥當勞餐廳是全球大型連鎖速食集團，在全世界擁有三萬間分店，主要售賣漢堡、薯條、炸雞、汽水。在麥當勞，你看不到很多產品，也看不到很多促銷活動，但是它卻打敗了全世界的競爭者，依靠的就是強大的品牌營利模式！

當戴爾還在大學讀書的時候，IBM已經是藍色巨人了，但是現在戴爾電腦連續十一年領導全世界，它既沒有突出的硬體技術，也沒有龐大的研發能力，憑什麼不斷發展而且持續營利？依靠的就是獨特的價值管理營利模式！

一個企業如何實現可持續營利？這是伴隨著企業經濟活動的永恆主題。創業者想要在擠滿既有競爭者的荊棘叢中找到一條通幽捷徑，就必須考慮如何維繫長期生存與營利能力。

企業經營者都非常重視營利。「做大還是做強」、「得終端者得天下」、「讓執行沒有任何藉口」、「擁有一個知名品牌才是核心競爭力」這是很多企業經營者掛在嘴巴上的口號；但是在現實的市場上，到處充盈著價格戰、促銷戰、人海戰、廣告戰、模仿戰等等，而企業的經營結局往往是銷量增加利潤下降、新產品營利週期越來越短、人員增加費用加大、現金流越來越緊、虧損面不斷加大。不能持續保持營利的商業模式不可能持久，企業如果不重視持續營利，衰敗甚至死亡只是時間問題！

在商業環境不斷變化的今天，如何才能持續營利？市場證明，商業模式能否持續營利，必須在客戶價值和企業價值中獲得平衡，並且經得起財務模型的考驗。

一個可持續營利的商業模式，應該同時包括客戶價值和企業價值兩個核心內容。其中，客戶價值是企業為客戶所提供的價值，為客戶提供價值是企業存在的基礎。一個企業只有為客戶創造並提供了價值，企業的生存才有保證。因為企業價值，就是企業在為客戶提供價值的過程中，所帶來的自身價值。

當然，企業的產業環境、顧客、人才、產品、技術、資源與能力、策略、甚至核心競爭力、領導力、執行力等任何一個因素，都會影響到企業的持續營利，但是企業持續營利的關鍵，是通過為特定顧客創造價值，以實現企業價值的一種邏輯。因此企業一定要兼顧客戶價值和企業價值。

持續的營利模式還需要企業的管理，這樣才能保持營利的長久性。一個以追求銷量和市場佔有率為重的企業，不可能產生全員關心營利的企業文化，也不可能在日常工作中產生以利潤最大化為核心的組織和管理。一個企業僅僅有好的營利模式還不夠，還必須配套管理文化與手段，做到管理營利模式在兩個方面實施創新：組織創新和管理創新。組織創新包括：設立營利總監、營利經理和營利專員等職位。管理創新包括：增加利潤分析資訊系統、營利知識學習、經常性業務營利狀況分析、個人績效營利遞增考核系統等。總而言之，就是要建立全員營利文化，創造營利能力管理手段。

另外，管理營利模式的關鍵能力，來自於企業對商業活動的獨特組織和安排。它可以體現在創新方面，如技術研發和工藝創新；也可以體現在經營方面，如行銷、管道管理、供應鏈管理等。技術的改變通常會替關鍵能力帶來提升並導致全新商業模式的產生。比如戴爾電腦的直銷模式就是通過資訊化手段的支援構建了全球供應鏈管理能力才實現的。其中，供應商庫存管理、全球供需平衡、需求管理三個關鍵模組都是透過流程優化和系統支援，構成了全球供應鏈管理的脊樑。這樣的供應鏈能力，使得戴爾在全球個人電腦這個競爭領域內一直處於領先地位。

每個企業都是一個複雜的個體，其所處的商業環境不同、客戶定位不同、產品與服務的選擇不同、擁有的資源不同、對資源的安排也不同。所以，如何實現可持續營利的問題也就變得不簡單了。

一般來說，一個持續營利的商業模式必須具備兩個要點：第一，是成為所屬行業的領頭羊，或者做到市場佔有率的老大。第二，所進入的市場必須具備良好的擴展期和成長期。

而對創業者來說，要成為行業的領頭羊有三個地方值得思考：首先，在選擇進入行業的時候，要反常規思維，也就是避免進入一個焦點行業。其次是對要進入的市場和行業具備理性分析，要有市場前瞻性，看清往後兩三年市場的需求在哪裡，為這個市場的需求做好準備。再次，就是必須在技術、產品、銷售體系、營利模式上能夠有所創新。

當然，持續營利並不是一蹴而就的，企業營利是一個長期累積的過程。在市場競爭初期和企業成長的不成熟階段，企業的商業模式大多是自發的，隨著市場競爭的加劇和企業的不斷成熟，企業自然會開始重視對市場競爭和自身營利模式的研究。優秀的營利模式是豐富和細緻的，並且各個部分都要互相支援，改變其中任何一個部分，就會變成另外一種模式。

對於創業者來說，在剛開始進入市場的時候，肯定會存在很多困難，但是不要輕易放棄，一旦轉行，廠房就要重新建造，機器必須重新購買，產品也要重新創造，客戶重新開發，這樣一來創業者前期的投入就白費了。所以堅持很重要，因為堅持會讓你的經驗越來越豐富，對產業越來越熟悉，客戶越來越多，能力越來越強。當企業擁有了這些資源，實質上就等於創業者增加了企業的競爭實力。即使一個資金比你雄厚的企業，在沒有經營能力的前提下，也是無法與你競爭的。所以企業要想持續賺錢，永遠立於不敗之地，就需要在自己的專業內做精、做專、做細。當你成為這個行業的專家，自然就成了市場的贏家。

成功的商業模式要做到放眼未來，而不是追求短期的利潤。企業也需充分認識行業的擴展性和成長性，從實際出發，以務實為營利模式的主基調。

永續圖書
線上購物網

www.foreverbooks.com.tw

- 加入會員即享活動及會員折扣。
- 每月均有優惠活動，期期不同。
- 新加入會員三天內訂購書籍不限本數金額，即贈送精選書籍一本。（依網站標示為主）

專業圖書發行、書局經銷、圖書出版

永續圖書總代理：
五觀藝術出版社、培育文化、棋茵出版社、大拓文化、讀品文化、雅典文化、知音人文化、手藝家出版社、璞申文化、智學堂文化、語言鳥文化

活動期內，永續圖書將保留變更或終止該活動之權利及最終決定權。

▶ 好想好想自己當老闆—教你開一家會賺錢的公司（讀品讀者回函卡）

■ 謝謝您購買本書，請詳細填寫本卡各欄後寄回，我們每月將抽選一百名回函讀者寄出精美禮物，並享有生日當月購書優惠！
想知道更多更即時的消息，請搜尋"永續圖書粉絲團"

■ 您也可以使用傳真或是掃描圖檔寄回公司信箱，謝謝。
傳真電話：（02）8647-3660　　信箱：yungjiuh@ms45.hinet.net

◆ 姓名：　　□男　□女　　□單身　□已婚

◆ 生日：　　□非會員　　□已是會員

◆ E-Mail：　　電話：（　）

◆ 地址：

◆ 學歷：□高中及以下　□專科或大學　□研究所以上　□其他

◆ 職業：□學生　□資訊　□製造　□行銷　□服務　□金融
□傳播　□公教　□軍警　□自由　□家管　□其他

◆ 閱讀嗜好：□兩性　□心理　□勵志　□傳記　□文學　□健康
□財經　□企管　□行銷　□休閒　□小說　□其他

◆ 您平均一年購書：□ 5本以下　□ 6～10本　□ 11～20本
□ 21～30本以下　□ 30本以上

◆ 購買此書的金額：

◆ 購自：　　市（縣）
□連鎖書店　□一般書局　□量販店　□超商　□書展
□郵購　□網路訂購　□其他

◆ 您購買此書的原因：□書名　□作者　□內容　□封面
□版面設計　□其他

◆ 建議改進：□內容　□封面　□版面設計　□其他
您的建議：

剪下後傳真、掃描或寄回至「22103新北市汐止區大同路三段194號9樓之1讀品文化收」

廣告回信
基隆郵局登記證
基隆廣字第 55 號

221-03

新北市汐止區大同路三段 194 號 9 樓之 1

讀品文化事業有限公司　收

電話/(02)8647-3663　　傳真/(02)8647-3660

劃撥帳號/18669219　　永續圖書有限公司

請沿此虛線對折免貼郵票或以傳真、掃描方式寄回本公司，謝謝！

讀好書品嘗人生的美味

好想好想自己當老闆—教你開一家會賺錢的公司